中等职业教育产教融合立体化系列教材

服装基础工艺
——项目化实训手册

主　编◎叶　菁　罗　芳
副主编◎舒金梅　曹婉婷
参　编◎刘　贞　董应忠
贺　春　甘小平

四川大学出版社
SICHUAN UNIVERSITY PRESS

图书在版编目（CIP）数据

服装基础工艺 ：项目化实训手册 / 叶菁，罗芳主编
. — 成都 ：四川大学出版社，2022.7
ISBN 978-7-5690-5188-9

Ⅰ. ①服… Ⅱ. ①叶… ②罗… Ⅲ. ①服装工艺－中等专业学校－教材 Ⅳ. ①TS941.6

中国版本图书馆 CIP 数据核字（2021）第 241034 号

书　　名：服装基础工艺——项目化实训手册
　　　　　Fuzhuang Jichu Gongyi——Xiangmuhua Shixun Shouce
主　　编：叶　菁　罗　芳

选题策划：段悟吾　王小碧　宋彦博
责任编辑：刘一畅　宋彦博
责任校对：荆　菁
装帧设计：墨创文化
责任印制：王　炜

出版发行：四川大学出版社有限责任公司
　　　　　地址：成都市一环路南一段 24 号（610065）
　　　　　电话：（028）85408311（发行部）、85400276（总编室）
　　　　　电子邮箱：scupress@vip.163.com
　　　　　网址：https://press.scu.edu.cn
印前制作：四川胜翔数码印务设计有限公司
印刷装订：四川省平轩印务有限公司

成品尺寸：185mm×260mm
印　　张：8.5
字　　数：186 千字

版　　次：2022 年 7 月 第 1 版
印　　次：2022 年 7 月 第 1 次印刷
定　　价：45.00 元

四川大学出版社
微信公众号

前　言

服装工艺是中等职业学校服装设计与工艺专业的必修课程之一，也是服装类专业的核心能力课程。按照难易程度，服装工艺可以细分为服装基础工艺、成衣工艺和高级定制工艺。本书作为该课程的初级入门教材，侧重于学生基础技能的培养，旨在让学生通过掌握服装制作的基础工艺，为后续学习进阶工艺课程打下基础。

本教材以职业能力为主线，以行业市场典型产品为载体，根据企业缝制工艺岗位基本技能要求，由浅至深地介绍了六个项目，引导学生制作简单产品，拓展设计能力，促进学生知识和技能的递进发展。

本教材采用项目化教学的方式，以制作成品为导向，将各种基础布艺品的缝制方法贯穿其中。学生在学习完本教材后，既能掌握各种基础工艺，又能了解包括备料、裁剪、缝制、成品熨烫等步骤在内的完整的布艺品制作过程。为进一步强调产品的质量控制和检验，本教材中还加入了认识生产环境和安全操作规程等内容。本教材结合讲授、演示和实操，让学习者掌握各种手缝针法、基础缝型、熨烫手法，从而使学习者可以综合运用各种基础工艺，制作简单的布艺品。本教材注重课前准备、课中执行、课后拓展，旨在让学习者体验布艺品制作的全过程，在做中学，在练中会。本教材适用于中等职业学校服装类专业服装工艺专业，教材中的每个项目均独立完整，且均配有视频微课，学生可以系统学习全部项目，也可以有选择性地学习部分项目。

本教材由叶菁和罗芳任策划主编，舒金梅、曹婉婷任副主编，全书由叶菁统稿。编写分工如下：项目一、二由罗芳与四川德者商贸有限公司贺春共同编写；项目三、四由叶菁与广元职业高级中学甘小平共同编写；项目五、六由舒金梅、刘贞与南充锦时工坊服装定制有限公司曹婉婷、四川德者商贸有限公司贺春共同编写；视频微课的制作由舒金梅、董应忠、曹婉婷完成。本教材在编写的过程中得到了四川德者商贸有限公司和南充丝序服饰设计有限公司的大力支持，在此深表感谢。

由于编写时间仓促，编者水平有限，本教材中还存在许多不足之处，欢迎同行专家和广大读者批评指正。

编者

2022 年 1 月

目　录

项目一　正式工作前的准备

项目描述

学习服装的缝制工艺首先要熟悉服装生产环境。服装的生产环境由裁剪区、缝纫区、熨烫区三部分构成。本项目将介绍服装生产环境的设备构成、进入生产环境的着装要求以及操作设备的基本方法和安全规范。

项目目标

1. 知识目标

(1) 能识别生产环境中的常用设备，了解其用途。

(2) 能识别常用缝纫工具，了解其基本使用方法。

(3) 能识别缝纫线和机针型号。

2. 技能目标

(1) 掌握生产中常用设备的基本操作方法。

(2) 会识读图纸，完成装针、穿线。

(3) 会调试线迹、针距、压脚压力。

3. 素质目标

(1) 培养安全意识和行业规范意识。

(2) 能按岗位要求规范摆放工具和物料，并学会整理工作区域。

项目分析

(1) 设备准备：裁剪设备、缝纫设备、熨烫设备。

(2) 工具准备：机缝工具、手缝工具、熨烫工具。

项目实施

任务一　认识生产环境

认识生产环境及生产工具

活动一　了解生产分区

1. 裁剪区

传统的裁剪区由裁剪台案和裁剪设备组成。裁剪台案如图1－1－1所示，其尺寸应满足产品铺料要求。铺料一般由人工完成。裁剪设备包括电动裁剪机（见图1－1－2）和裁缝剪刀（见图1－1－3），批量裁剪时使用电动裁剪机，单件裁剪时使用裁缝剪刀。

图1－1－1　裁剪台案

图1－1－2　电动裁剪机

图1－1－3　裁缝剪刀

数字化、信息化时代的到来，促进了服装生产向智能化方向发展。服装生产中已应用智能化裁床，还出现了针对高级定制的单量单裁智能化裁床（见图1－1－4）。智能化裁床既可通过计算机辅助服装设计（简称“服装CAD”）提前排料，也可实时排料，还能实现自动铺料、自动裁剪、自动切割，其效率是人工裁剪的4～6倍，可大幅提高生产效率。

图1－1－4　单量单裁智能化裁床

2. 缝纫区

缝纫区由缝纫机、坐凳组成。缝纫机分为家用缝纫机和工业缝纫机（见图 1—1—5、图 1—1—6）。工业缝纫机又可分为通用缝纫机、专用缝纫机和装饰用缝纫机 3 种类型。

通用缝纫机主要包括包缝机、链缝机、绷缝机（见图 1—1—7～图 1—1—9）。

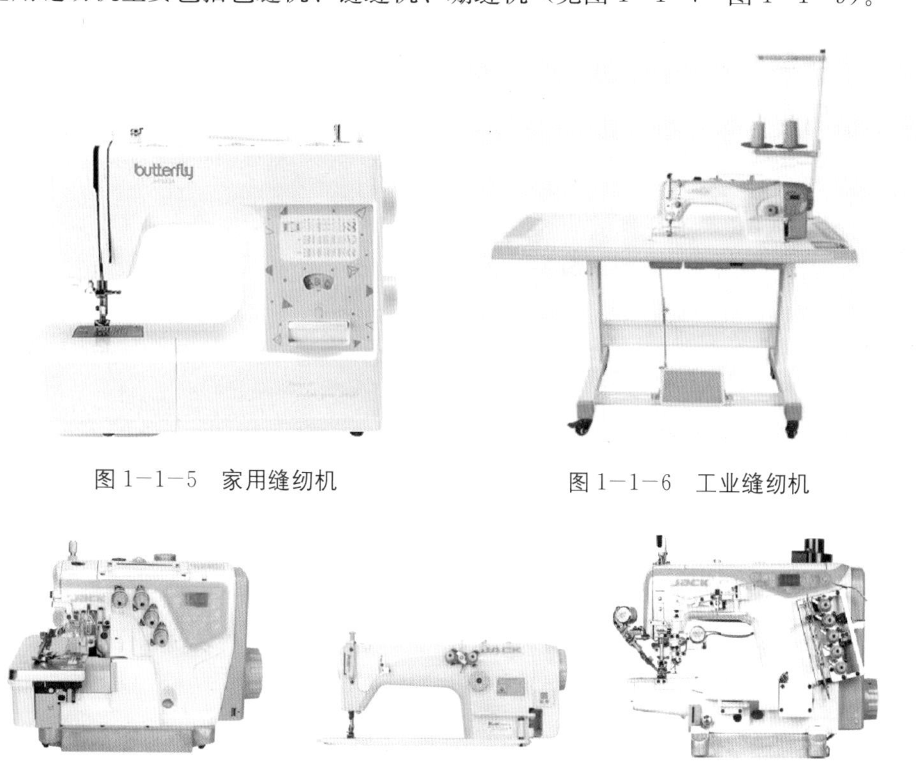

图 1—1—5　家用缝纫机

图 1—1—6　工业缝纫机

图 1—1—7　包缝机

图 1—1—8　链式平缝机

图 1—1—9　绷缝机

专用缝纫机主要包括锁眼机、套结机、钉扣机、暗缝机、双针机、自动开袋机等。

装饰用缝纫机主要有电脑绣花机、花边机等。

3. 熨烫区

手工熨烫区由熨烫台案（简称“烫台”）和蒸汽熨斗组成。熨烫台案上铺有海绵衬垫和熨烫台布，具有耐高温、隔热、吸湿、透气的作用。

在工业生产中常使用吸风烫台，其在熨烫时利用自吸风装置产生的吸力固定面料，防止面料随熨斗移动。使用吸风烫台熨烫时，刚熨烫过的面料能快速冷却定型。工业吸风烫台通常由蒸汽熨斗、烫台、蒸汽发生器三部分组成（见图 1—1—10）。

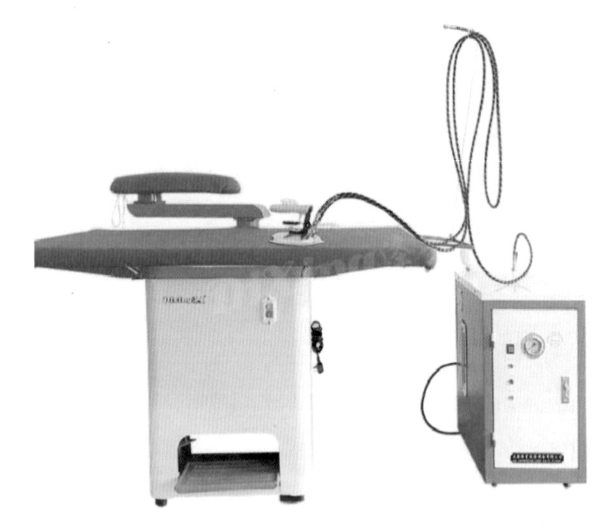

图 1—1—10　工业用吸风烫台

活动二　了解工位规范和安全要求

1. 着装

进入工位应穿袖口和下摆较窄小的服装；长发要用发绳束起，不能披散；不能穿高跟鞋和露趾凉鞋，且鞋底不宜过硬过厚。

2. 坐姿

正对缝纫机脚踏板坐下，立腰，肩部放松，双手自然放在缝纫机台面上（见图 1—1—11）。

图 1—1—11　坐姿

3. 操作台面

裁剪、熨烫和缝纫操作台面上的工具和材料不能叠放、堆积，应摆放在恰当位置，以便于取用。水杯等个人物品不能带入工作区，应放在规定区域。

4. 用电安全

使用带电设备时，在当前工序完成后要及时关闭电源。离开该带电设备所在的工作区前应再次确认设备电源已关闭。

任务二　认识工具

服装生产中常用的工具有裁剪工具、缝纫工具和熨烫工具。本节将主要介绍单件制作时所使用的工具。

1. 裁剪工具

常用裁剪工具如图 1－2－1 所示。

（1）裁缝剪刀：用于裁剪布料的剪刀，按尺寸从小到大分为 9～12 号，可根据需要选用。

（2）划粉：彩色的粉片，用于在布料上做记号。

（3）高温记号消失笔：一种彩色墨水笔，用于在布料上做记号，笔迹遇高温后将消失。

（4）压铁：一种金属块，用于裁剪时压住布料和纸样，保持布料和纸样不移位。

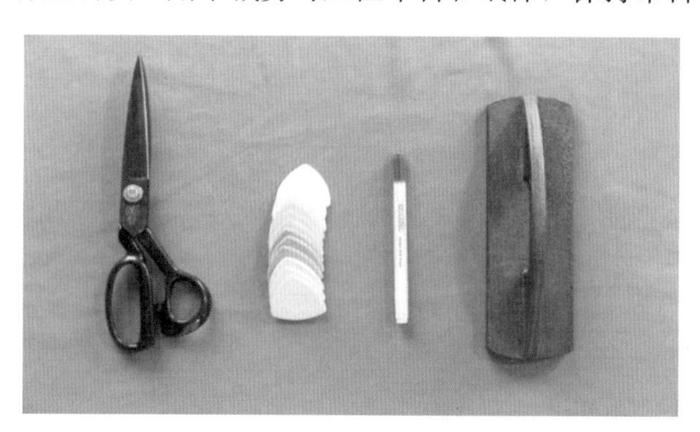

图 1－2－1　常用裁剪工具

2. 缝纫工具

常用缝纫工具如图 1－2－2 所示。

（1）缝纫机针：用于形成面线的配件，安装在缝纫机针杆上；按粗细不同分为 9～16 号，号数越大针越粗，可根据面料厚薄选用。

（2）梭芯、梭壳：用于形成底线的配件，安装于梭床中。

（3）缝纫线：用于缝合面料的线。常用缝纫线为涤纶线，其粗细各异的多种型号，可根据面料厚薄选用。

（4）纱剪：用于修剪线头的小剪刀。

（5）锥子：可用于扎眼定位、翻出尖角，缝纫时可辅助推送面料。

（6）镊子：可用于翻出尖角，缝纫时可辅助推送面料。

（7）手缝针：用于手缝工艺的针。手缝针按粗细不同分为 1～15 号，号数越小针身越粗越长（也有手缝针针身粗细相同但长短不一），可根据面料厚薄选用。

（8）顶针：手缝时戴在中指上的工具，辅助手针穿过面料。

（9）软尺：用于测量人体和服装尺寸的柔软尺子。

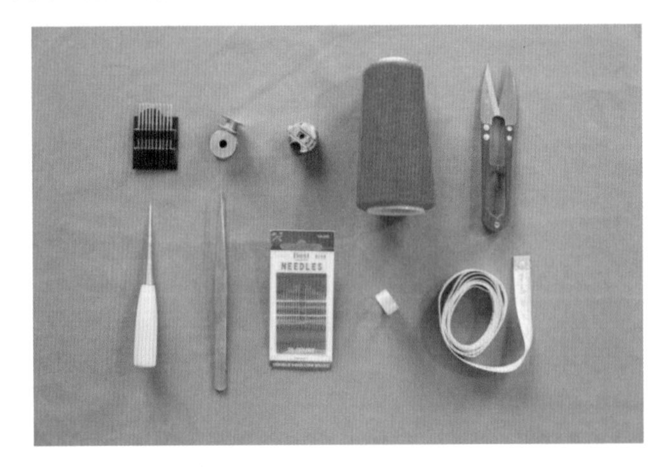

图 1－2－2　缝纫工具

3. 熨烫工具

常用熨烫工具如图 1－2－3 所示。

（1）蒸汽熨斗：通过给湿、给汽，使织物在高温下平整、定型。

（2）烫凳：用于熨烫袖窿、裆部等不易平放的部位，其凳面有长条形和圆形两种。

（3）布馒头：用于熨烫服装的胸部、臀部等部位。

（4）烫布：熨烫辅助用料，熨烫时覆盖在织绒、毛呢等需要保护的面料上，一般为全棉细白布。

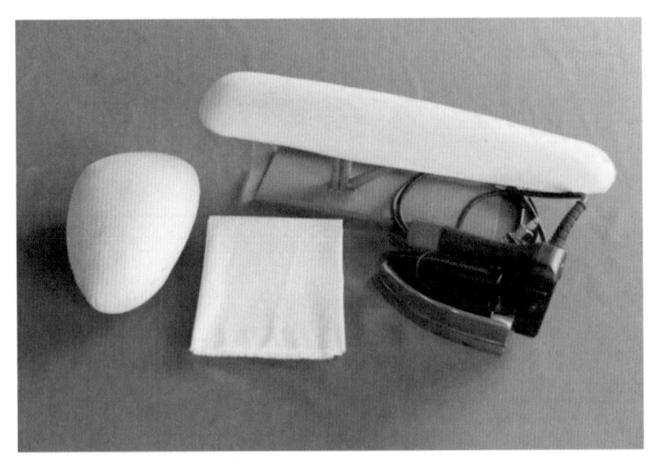

图 1－2－3　常用熨烫工具

任务三　缝纫机基本操作

缝纫机的基本操作

活动一　缝纫机的启动、关闭和运行

1. 启动与关闭

按下缝纫机的电源按钮（见图1—3—1），即可启动缝纫机。再次按下该按钮，松开后按钮弹起，即可关闭缝纫机。

图1—3—1　缝纫机的电源按钮

2. 运行

脚掌向前踩压脚踏板，缝纫机即开始运行；脚后跟向后踩压脚踏板，缝纫机则停止运行。踩压的力度越大，缝纫机运行速度越快。在练习时，要体会脚的踩压力度与缝纫机运行速度的配合，熟练控制缝纫机。

空车运行时，要将压脚抬起，避免损坏送布牙。注意手指远离机针，以免被扎伤。

活动二　安装机针

关闭缝纫机电源，转动上轮，将针杆调到最高位置，用螺丝刀拧松装针螺丝钉，使针槽朝向左侧，把机针柄插入针杆的装针筒内并推到尽头，拧紧螺丝钉（见图1—3—2）。

图 1—3—2　安装机针

活动三　穿线

1. 穿面线

关闭缝纫机电源，转动上轮，将针杆调到最高位置，从线架上引出线头，按照过线杆—过线簧—过线板—夹线器—挑线簧—缓线调节钩—右线钩—挑线杆—左线钩—过线孔—针杆过线孔的顺序穿线，最后将线从左向右穿过针孔（见图 1—3—3）。

图 1—3—3　穿面线

2. 倒底线

倒底线的操作步骤如图 1—3—4 所示。

（1）将梭芯套在底线绕线轴上［见图 1—3—4（a)］。

（2）将线穿过倒线夹线板，在梭芯上绕几圈［见图 1—3—4（b)］。

（3）把压线板推向梭芯，然后踩压脚踏板开始倒线，线倒满后压线板会自动跳开［见图 1—3—4（c)］。

注意，在倒线之前，要把压脚抬起，避免损坏送布牙。

(a) 将梭芯套在底线绕线轴上

(b) 将线穿过倒线夹线板

(c) 底线倒满后压线板会自动跳开

图 1—3—4　倒底线

3. 装底线

倒底线的操作步骤如图 1—3—5 所示。

(1) 将梭芯装入梭壳，线头线沿头槽孔嵌入梭壳，留出约 10cm 长的线头 [见图 1—3—5 (a)]。

(2) 关闭缝纫机电源，打开针板，将装配好的梭芯、梭壳装入缝纫机梭床内，关好针板，完成底线安装 [见图 1—3—5 (b)]。

(3) 转动上轮，使针杆向下运动，引出底线，将面线和底线一起放在压脚后方，完成穿线。

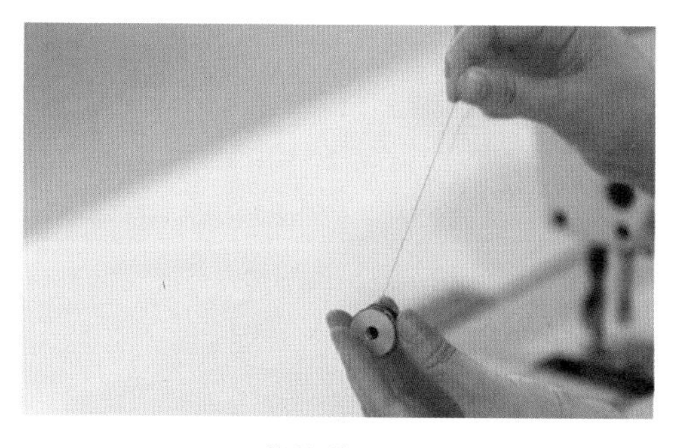

(a) 将梭芯装入梭壳

(b) 将装配好的梭芯、梭壳装入缝纫机梭床内

图 1—3—5　装底线

活动四　缝纫机调试

1. 调节线迹

面线、底线的松紧不匹配容易造成缝制品的外观不平整，因此在缝制前需要调节

线迹。

（1）调节底线：用螺丝刀旋拧梭壳上的螺丝钉可调节底线松紧，顺时针方向是调紧，逆时针方向是调松（见图 1－3－6）。

（2）调节面线：旋转夹线器可调节面线松紧，顺时针方向是调紧，逆时针方向是调松（见图 1－3－7）。

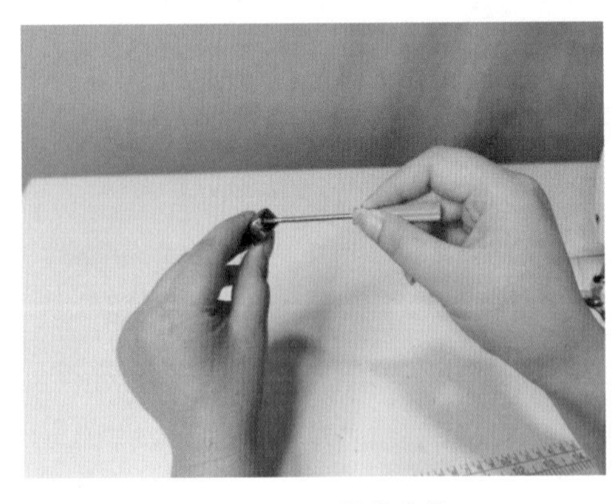

图 1－3－6　调节底线

图 1－3－7　调节面线

2. 调节针距

缝制不同厚度的面料需使用不同的针距。调节针距时，应压下倒送扳手，转动针距调节器，调节完后，释放倒送扳手（见图 1－3－8）。

缝制薄型面料时，针距应较密，每 2cm 缝 12～16 针；缝制厚型面料时，针距应较疏，每 2cm 缝 8～10 针。

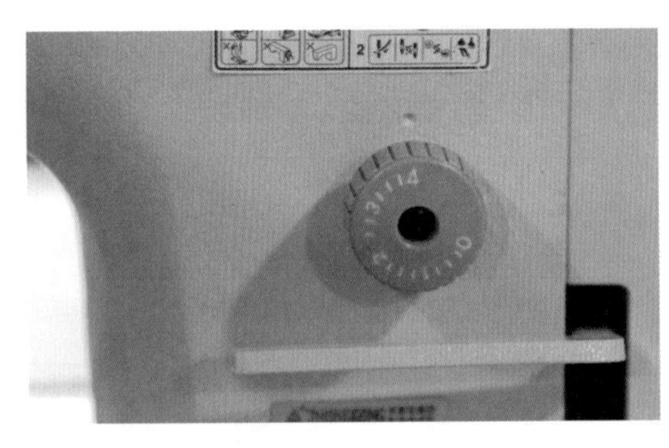

（a）针距调节器

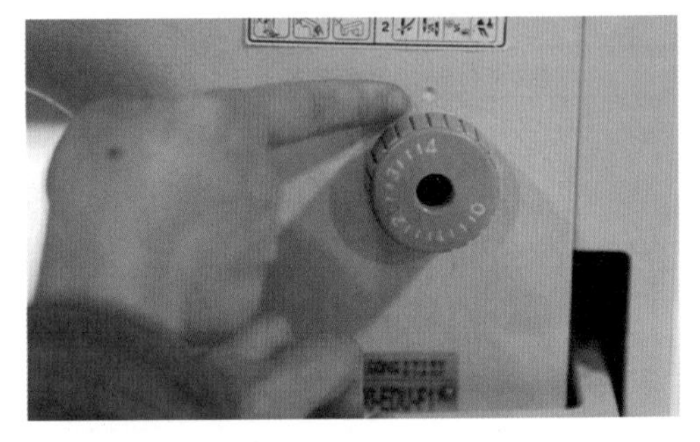

（b）调节针距至标记处

图 1－3－8　调节针距

3. 调节压脚压力

缝纫机工作时，依靠压脚和送布牙向前送料。旋动压杆顶端的螺栓可以调节压脚压力（见图 1－3－9）。逆时针旋动，压力减小，用于缝制薄型面料；顺时针旋动，压力增大，用于缝制厚型面料。

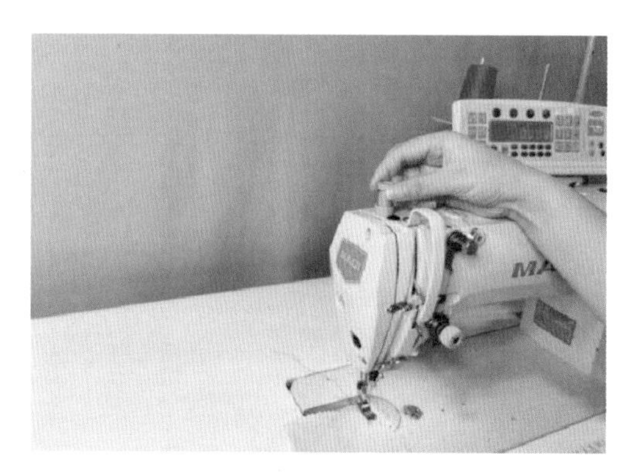

图 1—3—9　调节压脚压力

活动五　机缝操作

机缝操作时，先将布料放在送布牙上，放下压脚，机针扎入布料，左手在上，轻拉布料，右手在下，轻轻往前推送布料（见图 1—3—10）。缝制过程中要注意手、脚和眼睛的配合。

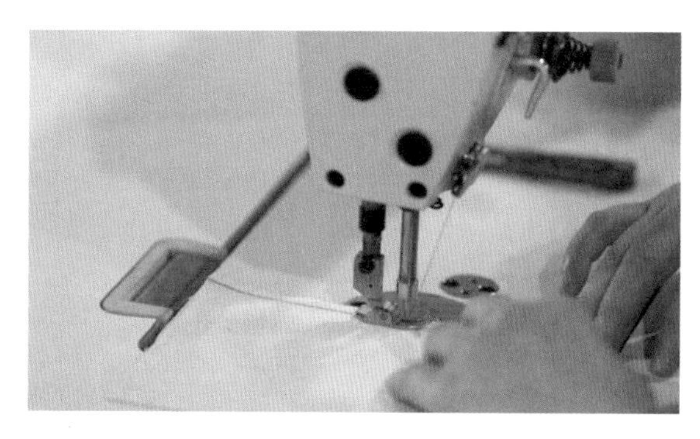

图 1—3—10　机缝操作手势

1. 缝直线

在面料上画上直线，沿画好的直线缉缝，注意保持线迹顺直。熟练掌握缝直线后，再练习缝平行线。缝平行线时注意与第一条缝线平行，使线迹顺直，面底线松紧适宜。

2. 缝几何图形

在面料上画上方形和三角形，沿着画好的线缉缝。缝到拐角位置时，先停机，将机针扎在布料中，抬起压脚，将布料旋转至缝制方向，再放下压脚继续缝制。

3. 缝弧线

在面料上画上弧线。缉弧线时，压脚边缘紧贴弧线画线，左手在上，右手在下，手眼配合，边缝边转动面料。

4. 起、止针

一条缝线的开始是起针，结束是止针，为防止开线，在起针和止针处要进行倒缝。

起针时，将面料放在送布牙上，用压脚压住面料，向前缝约 1cm，然后压下倒送扳手，倒缝到头，再松开倒送扳手向前缝制。止针时，先压下倒送扳手，倒缝约 1cm，再松开倒送扳手向前缝到头。

机缝操作的几种线型如图 1－3－11 所示。

图 1－3－11　机缝操作的几种线型

问题探究

为什么在缝制过程中面线有时候会断呢？

（1）机针安装错误。

（2）穿线方法错误。

（3）夹线簧过紧。

（4）缝线质量不好。

知识拓展

工业缝纫机及吸风烫台安全操作规程

1. 工业缝纫机安全操作规程

（1）学生在使用工业缝纫机前，应检查所使用设备的零部件是否缺损，如有缺损，应及时报告实训指导教师。

（2）推启总开关前，应检查设备电源是否关闭，以避免因电流过大而烧坏电机。

（3）换机针及穿引上下线时，应在关机状态下进行。

（4）学生不得随意拆卸机针、压脚等可拆卸的零部件。确需更换时，应请机修人员更换或在专业教师指导下更换。

（5）设备启动、穿线后，不得空蹬机器，以免造成夹线、断针等故障。

（6）使用设备时，需注意手与机针的距离，以防机针扎手。

（7）使用设备时需注意控制脚踩踏板的力度，尽量保证用力均匀，以防用力过猛导致断针、断线等故障。

（8）操作设备时严禁披散长发和赤脚。

（9）离开机台或较长时间不用设备时，应随手关闭设备。

（10）离开实训室时，应整理好机位、机身台面的堆放物料。值日生确认每台设备都关闭后，切断总电源。

2. 吸风烫台安全操作规程

（1）吸风烫台属特种设备，使用前实训指导教师应通知机修人员进行检修。

（2）使用吸风烫台时，应由实训指导教师或设备管理人员开启电源，待机器压力达到使用标准时，方可开始使用。

（3）在使用过程中，如熨烫压力不够，应停止使用，待压力达到使用标准后，再继续使用。

（4）在使用过程中，如出现熨斗漏水现象，可打开熨斗后部的减压开关放水，待水放完后，将关闭减压开关。

（5）熨烫过程中，如出现故障，应及时报告实训指导教师或设备管理人员。

（6）设备使用完毕，由指导教师或设备管理人员关闭电源。

（7）认真填写设备使用交接单。

练一练

（1）练习倒线、装针、穿线。

（2）缉线练习。先用厚薄一致的棉布进行练习，熟练后，再更换丝绸型、毛型面料进行练习。

项目学习评价表

评价项目	评价内容	分值	自我评价	小组评价	教师评价	得分
岗位素养（10分）	1. 完成当日指定工作任务	3				
	2. 按规定完成生产环境的熟悉、工具的准备、缝纫机的基本操作	2				
	3. 对未完成的基础训练必须按要求多练，熟悉操作	2				
	4. 负责个人机台及工位卫生的日常维护，并在工作结束后关掉电源开关	3				

续表

<table>
<tr><th>评价项目</th><th colspan="2">评价内容</th><th>分值</th><th>自我评价</th><th>小组评价</th><th>教师评价</th><th>得分</th></tr>
<tr><td rowspan="4">劳动教育（25分）</td><td colspan="2">1. 遵守教学实践环节劳动纪律，不迟到、不早退、不旷工</td><td>10</td><td></td><td></td><td></td><td></td></tr>
<tr><td colspan="2">2. 遵守实训室的规章制度、安全操作规范要求</td><td>3</td><td></td><td></td><td></td><td></td></tr>
<tr><td colspan="2">3. 尊重师长；爱护实训室设施设备；爱护他人劳动成果，不随意破坏</td><td>2</td><td></td><td></td><td></td><td></td></tr>
<tr><td colspan="2">4. 完成每日或每周的组内实训室劳动任务</td><td>10</td><td></td><td></td><td></td><td></td></tr>
<tr><td rowspan="4">专业能力（40分）</td><td colspan="2">1. 会选用工具，工具准备齐全</td><td>10</td><td></td><td></td><td></td><td></td></tr>
<tr><td colspan="2">2. 能正确使用剪刀裁剪面料，了解剪刀的安全使用要求</td><td>10</td><td></td><td></td><td></td><td></td></tr>
<tr><td colspan="2">3. 会穿面线、装底线，简单调试面、底线，知晓面、底线的缝制检查标准</td><td>15</td><td></td><td></td><td></td><td></td></tr>
<tr><td colspan="2">4. 了解熨烫安全操作规范，熟悉安全操作步骤及方法</td><td>5</td><td></td><td></td><td></td><td></td></tr>
<tr><td>写作能力（10分）</td><td colspan="2">完成项目体验与总结</td><td>10</td><td></td><td></td><td></td><td></td></tr>
<tr><td rowspan="2">创新能力（15分）</td><td colspan="2">1. 能装针、穿线、倒线，会使用平缝机；能换2～3种厚度的面料进行平缝练习，调试面、底线</td><td>10</td><td></td><td></td><td></td><td></td></tr>
<tr><td colspan="2">2. 能用简单的专业术语准确描述操作过程</td><td>5</td><td></td><td></td><td></td><td></td></tr>
<tr><td rowspan="3">项目体验与总结</td><td>不足之处</td><td colspan="6"></td></tr>
<tr><td>改进措施</td><td colspan="6"></td></tr>
<tr><td>收获</td><td colspan="6"></td></tr>
<tr><td colspan="2">总分</td><td colspan="6"></td></tr>
</table>

项目二　缝纫基础操作

项目描述

缝纫基础操作包含机缝基础工艺、手缝基础工艺、熨烫基础工艺。机缝基础工艺是将服装布料的裁片用缝纫设备进行缝制的工艺过程，是实现各项设计和裁片组合的具体实施阶段，分为单件缝制和流水生产。手缝基础工艺也称手针工艺，是用于缝针在服装材料上进行缝制的工艺，手缝基础工艺是一项传统的缝纫工艺，是制作高级定制服装不可缺少的工艺技法，按用途可分为基础手针工艺和装饰手针工艺。熨烫在缝纫过程中是非常重要的工序，有整理、塑形、定型等作用。人们常说“三分做、七分烫”，便是在强调熨烫的重要性。以上三项都是缝制工艺的基本功，熟练掌握后方可以进行后续产品缝制训练。

项目目标

1. 知识目标

（1）能识读缝型、熨烫工艺图；

（2）能识读服装缝纫符号；

（3）会根据面料性能选用缝纫线和机针。

2. 技能目标

（1）能使用缝纫机完成各种服装基础缝型的工艺操作；

（2）能使用手针完成常用手缝工艺操作；

（3）能使用蒸汽熨斗完成熨烫操作。

3. 素质目标

（1）能严格遵守安全操作规程，独立完成成品的制作；

（2）能按岗位要求规范摆放工具和裁片，并学会整理工作区域。

项目分析

在本项目中将学习平缝、搭缝、卷边缝等机缝工艺，拱针、攃针、缲针等手缝工艺，平烫、扣烫、归烫、拔烫等熨烫工艺。学生必须勤学苦练，熟练掌握这些技能，达到服装行业的产品工艺要求。

设备准备：平缝机、蒸汽熨斗。

工具准备：划粉、钢尺、锥子、纱剪、裁缝剪刀。

项目实施

任务一　常用机缝工艺

常用机缝缝制工艺 1

1. 平缝

平缝是将两片面料正面相对，沿缝份缝一道线，缝份宽度一般为 1cm（见图 2-1-1）。

平缝后将缝份倒向一侧熨烫就是倒缝（见图 2-1-2）。

平缝后将缝份分开熨烫就是分缝（见图 2-1-3）。

以上工艺常用于服装的合缝。

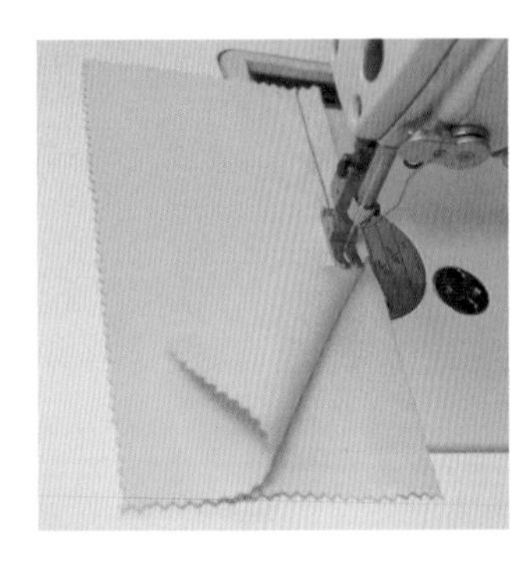

图 2-1-1　平缝

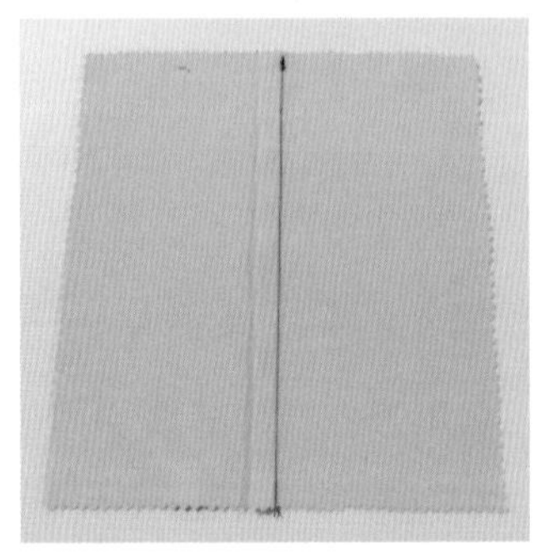

图 2-1-2　倒缝

图 2-1-3　分缝

2. 搭缝

搭缝是将两片面料缝边重叠，在缝份中间缝一道线（见图 2-1-4）。这一工艺常用于拼接衬料。

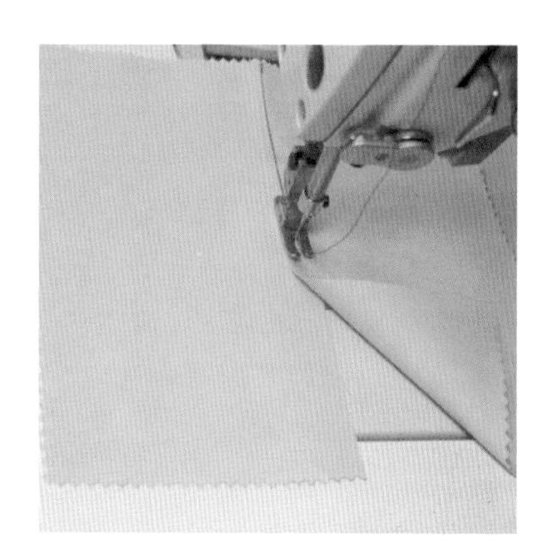

图 2—1—4　搭缝

3. 分压缝

分压缝是先将两片面料正面相对，缝一道平缝，再将缝份分开，在一侧的缝份上缉 0.1cm 线（即面料边缘与缉线处之间的距离为 0.1cm，见图 2—1—5）。这一工艺常用于裤子后裆的缝制。

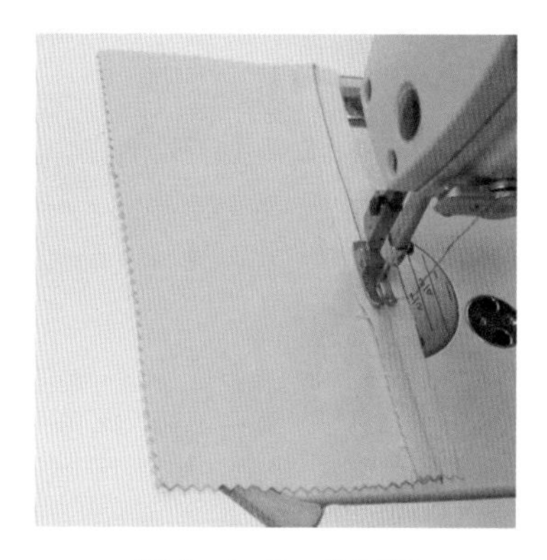

图 2—1—5　分压缝

4. 分缉缝

分缉缝是先将两片面料正面相对缝，再将反面分缝熨烫，沿缝份两边各缉 0.1cm 明线（见图 2—1—6）。这一工艺常用于衣缝的缝线加固或装饰线缝制。

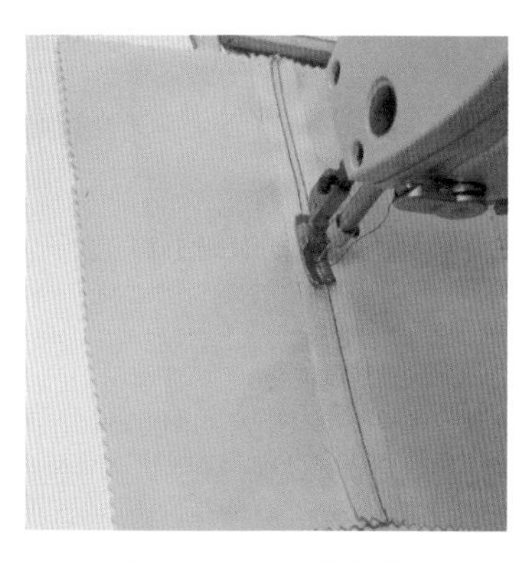

图 2—1—6　分缉缝

5. 卷边缝

常用机缝缝制工艺 2

卷边缝的工艺流程如图 2—1—7 所示。

(1) 先将面料向内折一次，折叠宽度为 0.5cm [见图 2—1—7 (a)]。

(2) 再向内折叠一次面料，宽度为 2cm [见图 2—1—7 (b)]。

(3) 沿折叠的边缘缉 0.1cm 线，这一工艺常用于服装下摆的缝制。

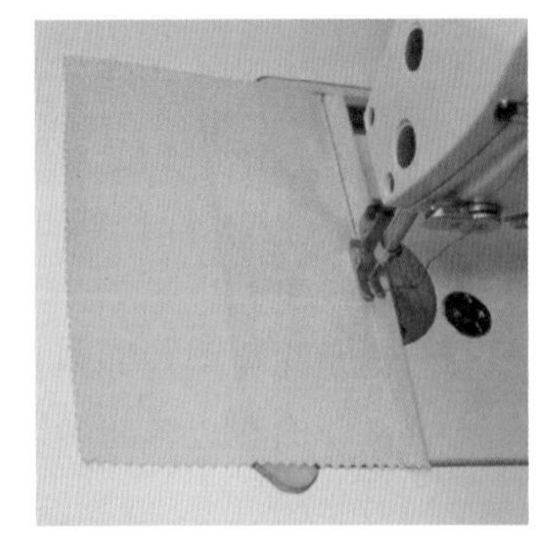

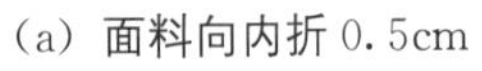
(a) 面料向内折 0.5cm　(b) 再向内折叠 2cm　(c) 沿折叠边缉 0.1cm

图 2—1—7　卷边缝

6. 来去缝

先将两片面料反面相对，在正面缉 0.3cm 线 [见图 2—1—8 (a)]，然后修齐缝份，翻转面料，正面相对，在反面缉 0.6cm 线 [见图 2—1—8 (b)]。这一工艺常用于薄料服装的缝制。

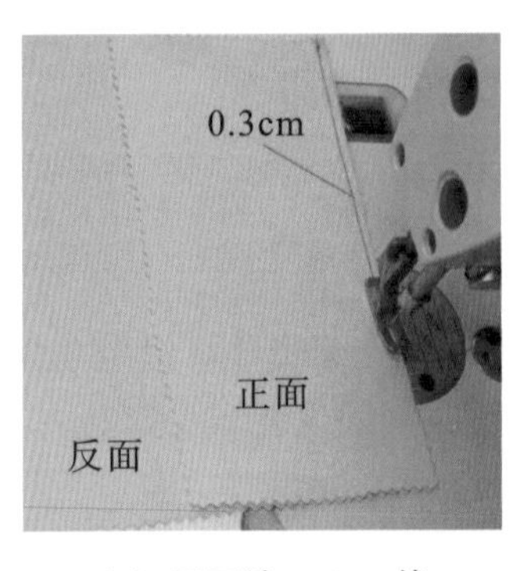

(a) 正面缝 0.3cm 线

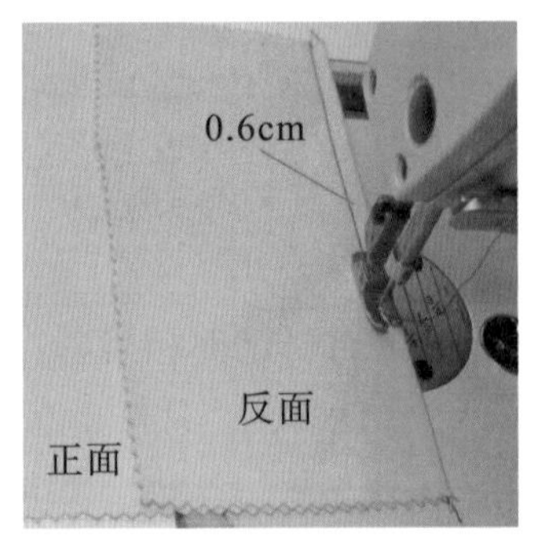

(b) 翻转面料，正面相对，反面缉 0.6cm 线

图 2—1—8　来去缝

7. 内包缝

内包缝的工艺流程如图 2—1—9 所示。

(1) 将两片面料正面相对，下层面料缝边向上折叠，包住上层面料，折叠宽度为 0.8cm [见图 2—1—9 (a)]。

(2) 缉 0.1cm 线 [见图 2—1—9 (b)]。

（3）将面料打开，正面朝上，缝份倒向毛边侧，沿止口缉 0.6cm 明线［见图 2－1－9（c）］。

内包缝正面只有一道线迹，常用于缝制夹克衫、裤子。

（a）折叠 0.8cm

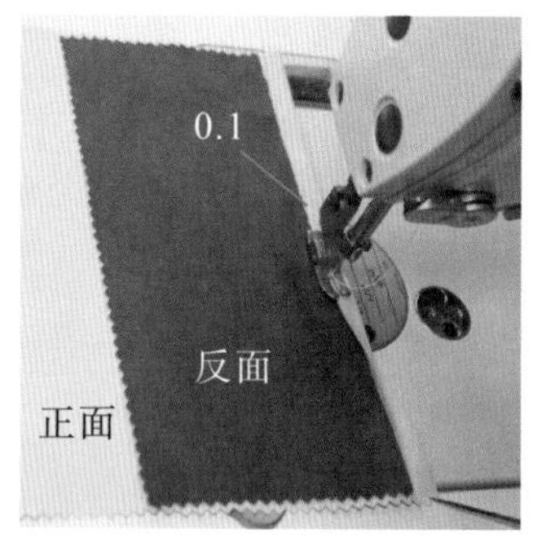

（b）反面缉 0.1cm 线

（c）正面缉 0.6cm 明线

图 2－1－9　内包缝

8. 外包缝

外包缝的工艺流程如图 2－1－10 所示。

（1）将两片面料反面相对，下层面料缝边向上折叠，包住上层面料，折叠宽度为 0.8cm，缉 0.1cm 线［见图 2－1－10（a）］。

（2）将面料打开，正面朝上［见图 2－1－10（b）］，缝头倒向毛边侧，沿止口缉 0.1cm 明线［见图 2－1－10（c）］。

外包缝正面有两道线迹，常用于缝制夹克衫、裤子。

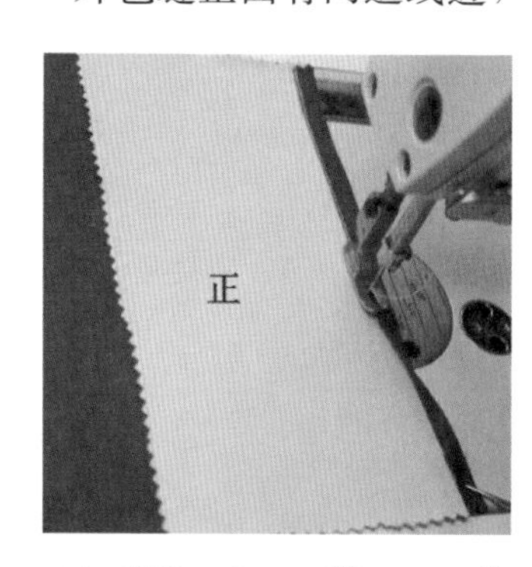

（a）折叠 0.8cm，缉 0.1cm 线

（b）面料打开，正面朝上

（c）沿止口缉 0.1cm 明线

图 2－1－10　外包缝

9. 拉压缉缝

拉压缉缝的工艺流程如图 2－1－11 所示。

（1）将压条缝边折烫 0.8cm，再根据压条宽度折烫 3～5cm［见图 2－1－11（a）］。

（2）将压条正面与面料背面相对，缉 0.8cm 线［见图 2－1－11（b）］。

（3）翻转至面料正面，在压条上缉线，距离止口 0.1cm［见图 2－1－11（c）］。这一工艺常用于裤腰、衬衫袖口、夹克衫下摆的缝制。

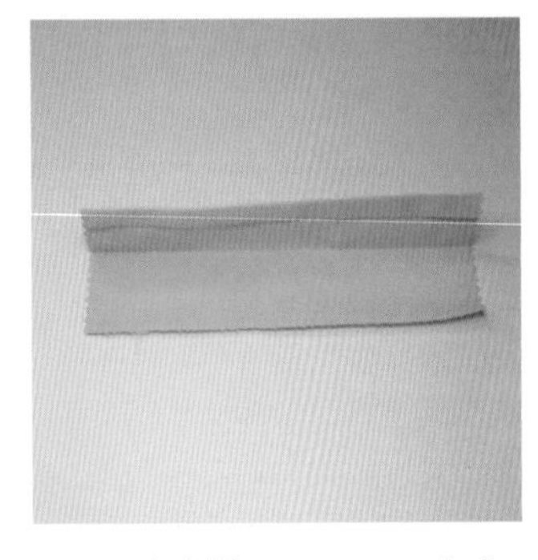

(a) 缝边折烫 0.8cm，宽度折烫 3～5cm

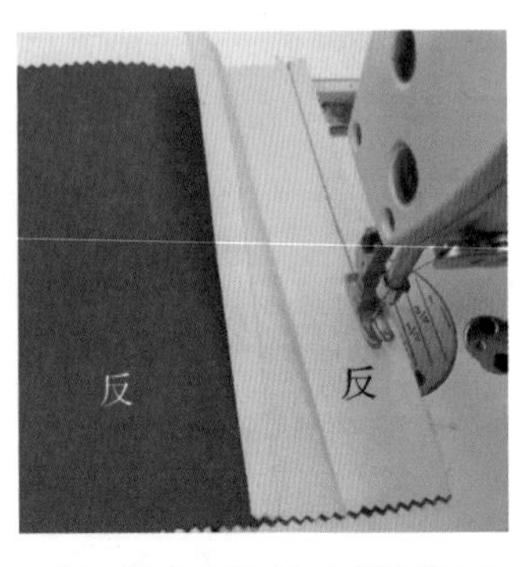

(b) 压条正面与面料背面相对，缉 0.8cm 线

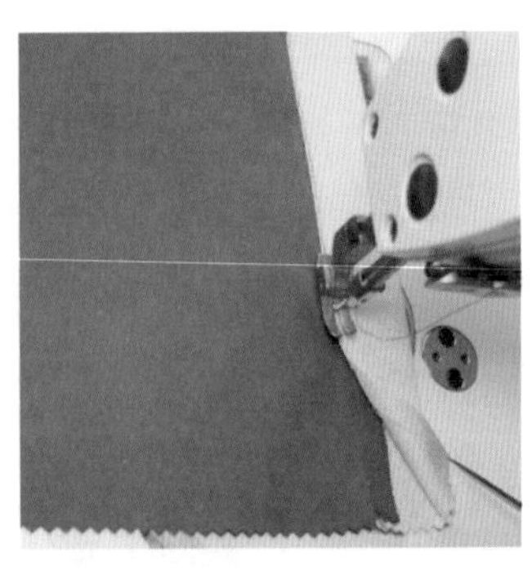

(c) 正面沿止口缉 0.1cm 线

图 2—1—11　拉压缉缝

10. 漏落缝

漏落缝也叫灌缝，方法如图 2—1—12 所示：先将面料正面相对，缝一道平缝，再翻转面料，在正面沿着缝份缝一道暗线。

(a) 面料正面相对平整

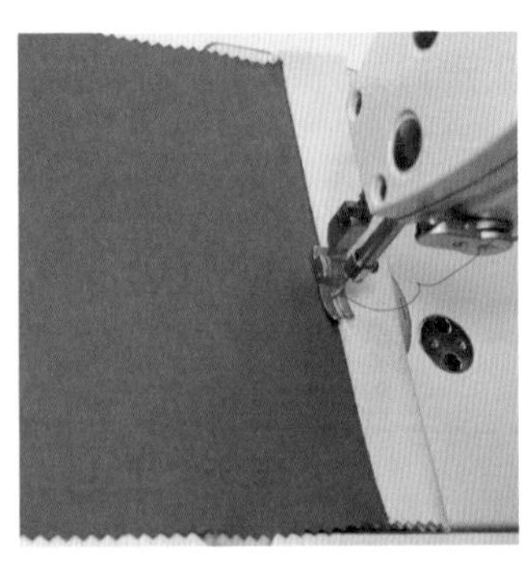

(b) 正面不露线迹

图 2—1—12　漏落缝

问题探究

在缝制过程中，一样长的面料为什么缝完后不一样长呢?

这是新手在缝纫过程中常遇到的问题。遇到这种情况，不能用剪刀将长出的部分剪去，因为这会造成裁片损坏而无法进行返工修正。

我们来简单分析一下产生这种情况的原因：缝纫机压脚下方是送布牙，送布牙的齿在上下运动的过程中把面料向后推送，下层面料受到的推送力大于上层面料，自然缝合时就会造成上下两层面料长短不一致。

怎么解决这个问题呢? 我们在缝纫前一定要将两片面料对齐，放在压脚下方，并将下层布料朝自己身体方向拉一下；或者是用手或锥子将上层面料向后推送，有目的地均匀缝缩一部分，这样上层面料就不会比下层面料长。

知识拓展

知识拓展：其他常用机缝缝制工艺

缝纫机的清洁和保养

完成缝纫操作后，要进行以下清洁和保养工作：①关闭缝纫机电源，上抬压脚扳手，避免因压脚长时间压着送布牙而损伤送布牙；②检查润滑油油量，如果油量不足需及时添加；③检查机件螺丝，如果松动需及时紧固；④清除送布牙和梭床中的线头和污垢，最后用软布将机台擦拭干净。

练一练

运用所学 10 种基础缝型，设计制作一件布艺品。

任务二　常用手缝工艺

常用手缝及熨烫工艺

活动一　手缝针的使用

1. 手缝针的选用

手缝针的型号有很多，一般是号数越大，针身越粗。也有细长型和粗短型的手缝针，可根据手缝工艺要求选用。选用的原则是粗针、粗线配合厚料，细针、细线配合薄料。

2. 穿线

穿线时一手捏针，一手拿线，将线头穿过针孔（见图 2—2—1）。

3. 拿针

手缝时，用拇指和食指捏住手缝针中部，用戴在中指上的顶针抵住针尾，帮助手缝针穿扎面料（见图 2—2—2）。

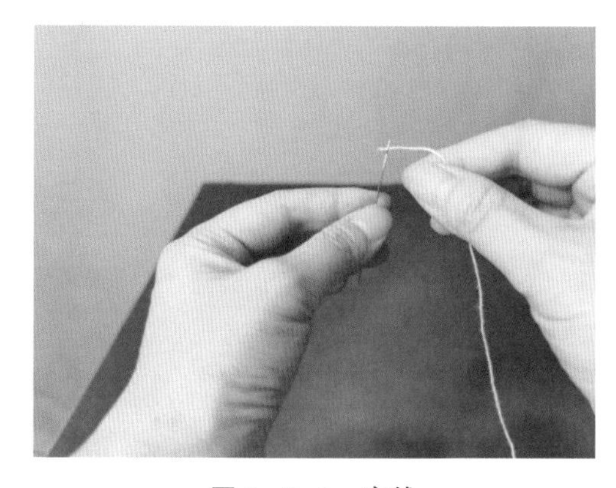

图 2—2—1　穿线

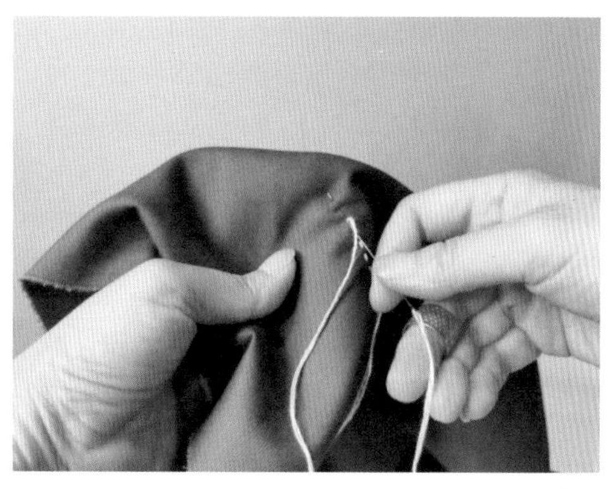

图 2—2—2　拿针

4. 打线结

手缝时，起针和收针都要打线结，以防止线头散开。

(1) 起针结：起针时一手拿针，另一只手的食指和拇指捏住线头，在食指上绕一圈，将线头从线圈中穿过，拉紧形成起针结（见图 2-2-3）。

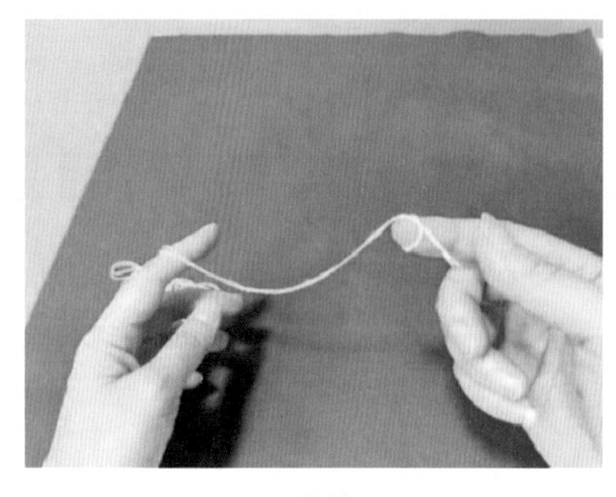

(a) 绕线圈

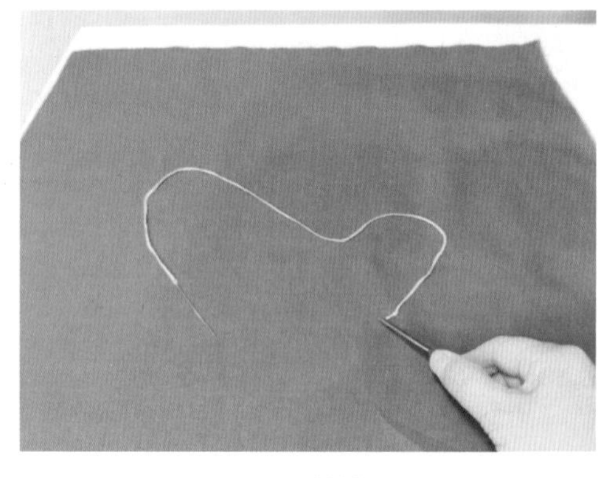

(b) 针结

2-2-3 起针结

(2) 收针结：收针时一手持针，一手拿线，绕一个线圈，将针穿过线圈，持针手将线拉紧，形成收针结；可重复操作两三次，加固线结，再剪断线（见图 2-2-4）。

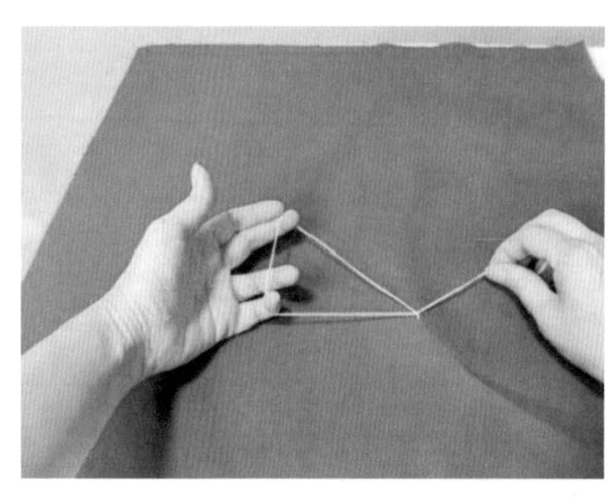

(a) 打线结

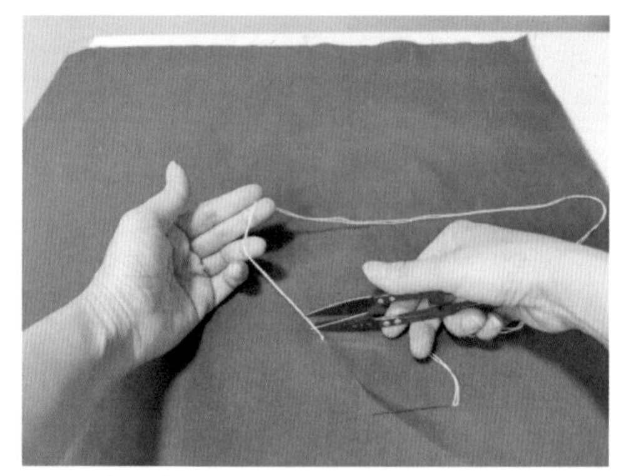

(b) 剪线

2-2-4 收针结

活动二 常用手针针法

1. 拱针

左手拿着面料，右手持针，从右向左缝，上下针距一致，拉线松紧适度，衣料表面平整（见图 2-2-5）。这一针法常用于缝制单层衣料，如抽袖山，缩缝裙摆等。

2. 擦针

运针方向从右向左，针距按缝制要求设定（见图 2-2-6）。这一针法常用于临时固定面料，缝合工序完成后可拆掉。

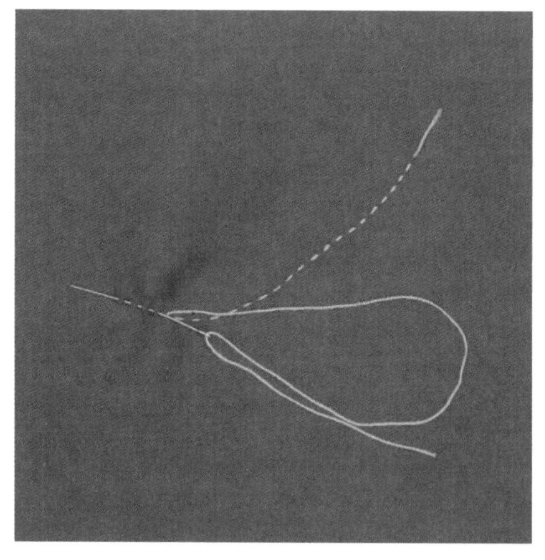

图 2-2-5　拱针

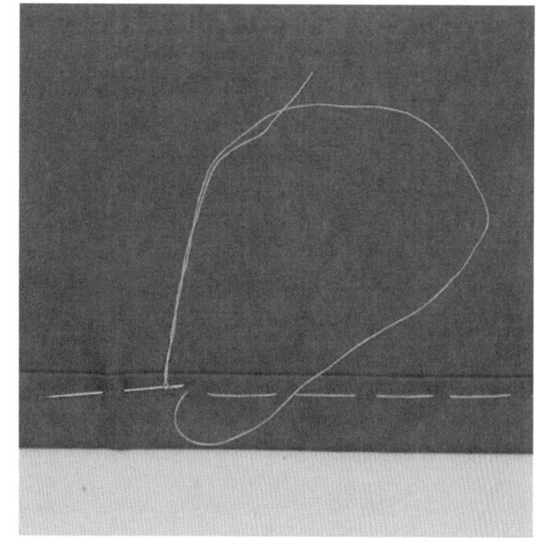

图 2-2-6　擦针

3. 缲针

运针方向从右向左，出针后在原地挑起下层布料的 1～2 根纱线，针距 0.3～0.5cm，要求在衣片正面不露线迹。这一针法常用于服装折边的处理，并根据线迹的情况分为明缲和暗缲（见图 2-2-7）。

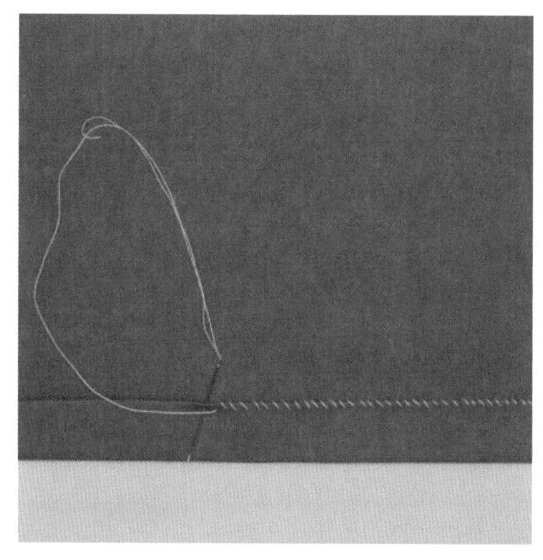

(a) 明缲

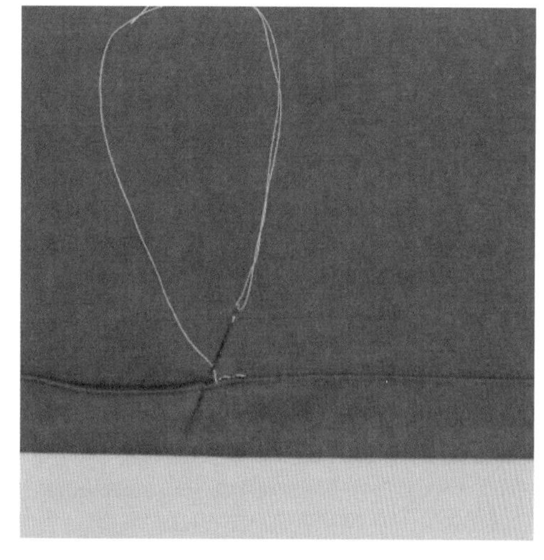

(b) 暗缲

图 2-2-7　缲针

4. 三角针

运针方向从左向右，针从右向左插入布片，上下交叉缝线，上针距离折边约 0.1cm，下针距离折边约 0.5cm，针距 0.8～1cm，衣片正面不露线迹（见图 2-2-8）。这一针法常用于服装底边的处理。

5. 锁针

从毛边向里进针，针扎在布料中，将线在针身上绕一圈，抽针时向外侧斜上方 45°

角拉紧，针距 0.1～0.3cm（见图 2－2－9）。这一针法常用于服装的毛边处理和锁扣眼。

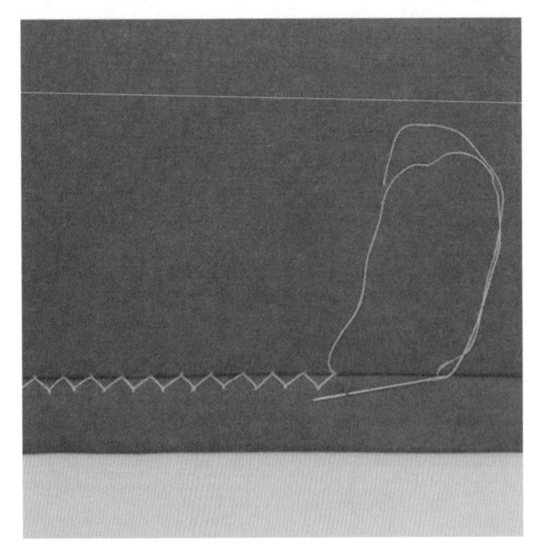

图 2－2－8　三角针

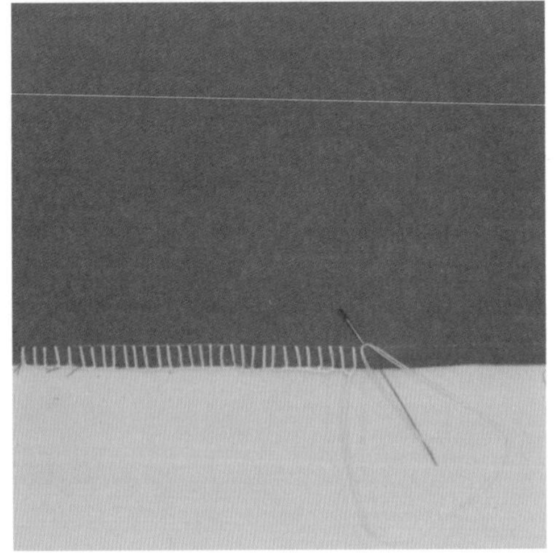

图 2－2－9　锁针

6. 拉线袢

从衣料反面进针，穿出缝线形成一个线圈，然后用手勾住线，从线圈中拉出缝线，形成线袢；重复操作至所需长度，将针穿过线圈，固定在另一块衣料上（见图 2－2－10）。这一针法常用于连接服装下摆的面料和里料。

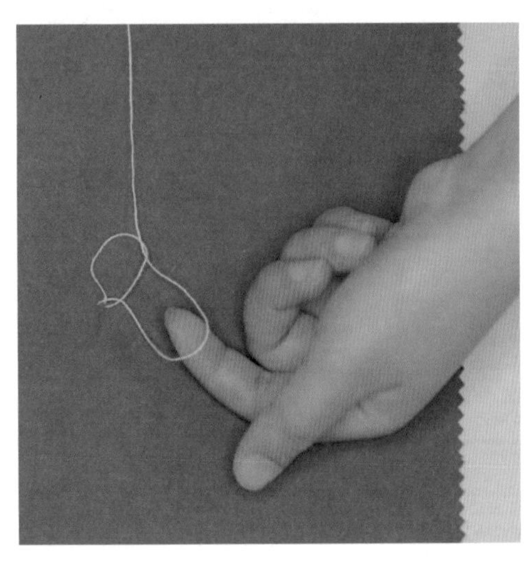

(a) 穿线圈

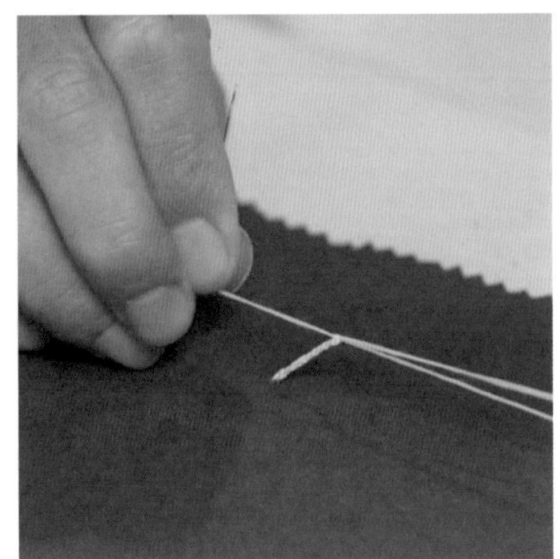

(b) 形成线袢

图 2－2－10　拉线袢

问题探究

除了用划粉、高温记号消失笔在面料上做标记外，还可以用什么方法做标记？

打线丁是制作高档服装时标记缝制部位的方法，能在面料正反两面或对称部位做出清晰、准确的定位标记。打线丁一般选用粗棉线，可用单线也可用双线。其操作方法如图 2-2-11。

（1）将上下两层面料对齐，运针方向从右向左，按照要打线丁的部位下针。针码一长一短，长针针距约 2cm，短针针距约 0.2cm［见图 2-2-11（a）］。

（2）缝完后先剪断长针处缝线，再将上下两层面料轻轻拉开，剪断面料之间的短针缝线，让两片面料上都留有线丁［见图 2-2-11（b）］。

（3）面料正面保留长度约 0.3cm 的线头，并用手指揉散线头，防止其脱落［见图 2-2-11（c）］。

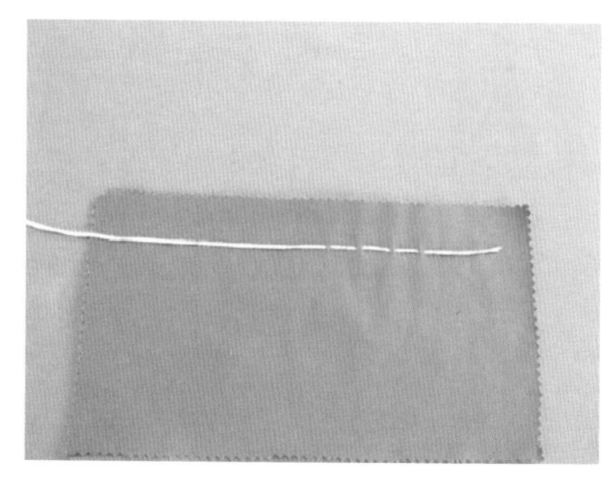

（a）面料对齐，运针

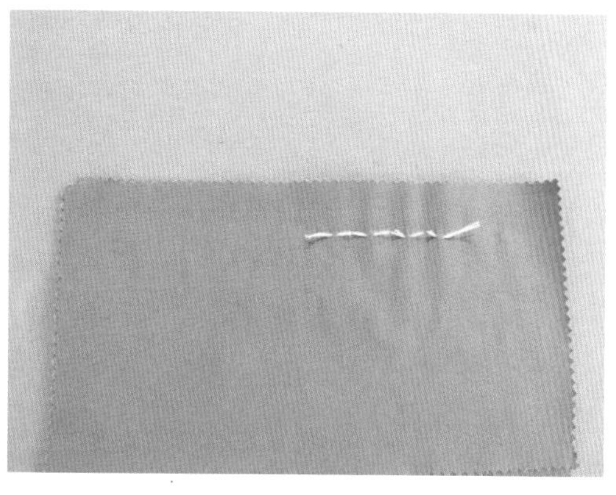

（b）剪开缝线

（c）保留长度约 0.3cm 的线头

图 2-2-11　打线丁

知识拓展

钉扣和锁扣眼

钉扣、锁扣眼是常用的服装工艺技术，具有装饰及实用功能，可手工缝制，也可借助机器缝制。下面介绍手工缝制钉扣和锁扣眼的方法。

1. 钉扣

钉扣眼的工艺流程如图 2－2－12 所示。

（1）起针：打好起针线结，从面料的正面或反面进针［见图 2－2－12（a）］。

（2）缝扣：缝线穿过纽扣孔，形成平行或交叉的线迹［见图 2－2－12（b）］。

（3）调整缝线松量：缝线要有松量，以便于绕纽脚。可在纽扣表面的缝线内放入锥子或细棍，控制松量［见图 2－2－12（c）］。

（4）线脚绕线，紧固缝线：撤掉锥子或细棍，在纽扣底部的线脚上绕几圈缝线，紧固缝线［见图 2－2－12（d）］。

（5）收线结：将缝线穿到缝扣与面料之间，打收针结［见图 2－2－12（e）］。

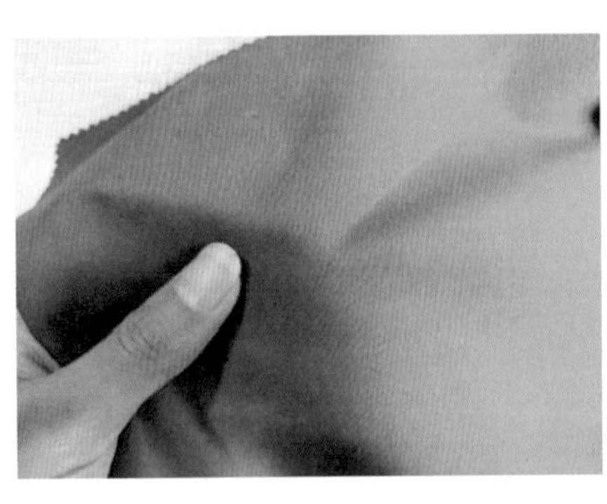

（a）起针

（b）缝扣

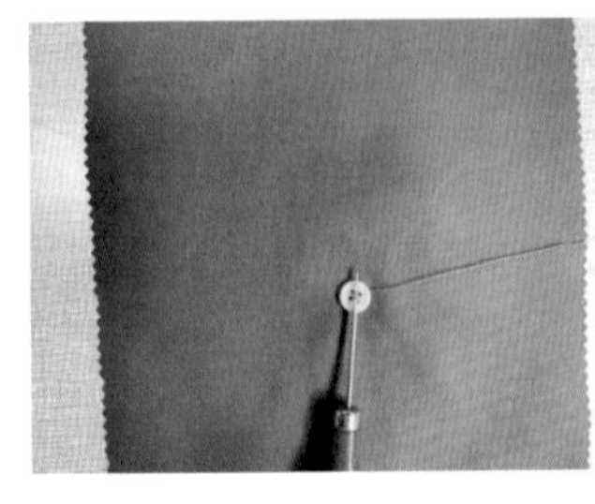

（c）调整缝线松量

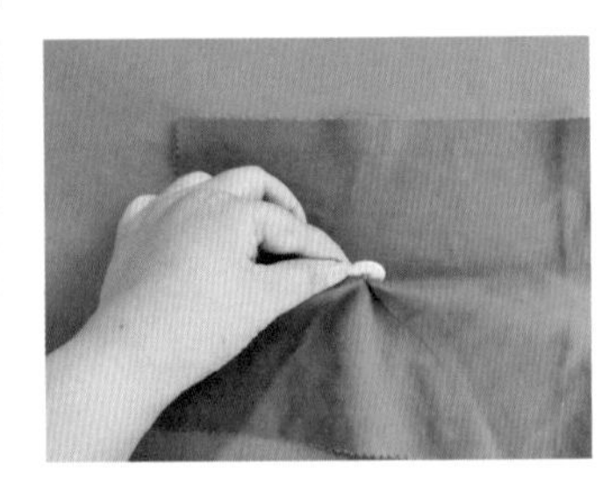

（d）线脚绕线，紧固缝线

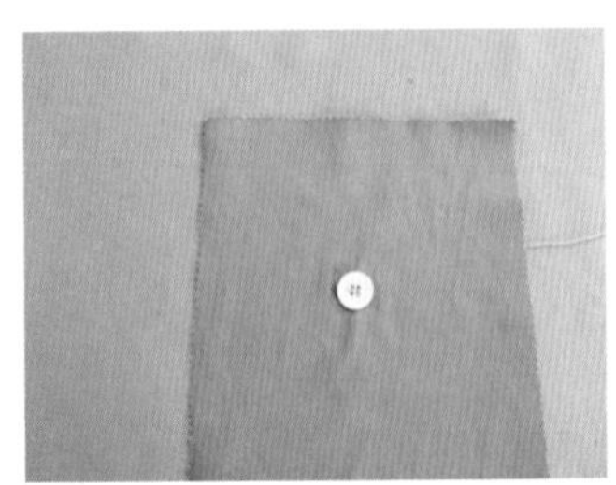

（e）收线结

图 2－2－12　钉扣

2. 锁扣眼

锁扣眼的工艺流程如图 2－2－13 所示。

（1）在面料上画出扣眼的位置，沿画线剪开，用锁针针法锁缝毛边，针脚长度约 0.3cm，针距约 0.15cm。

（2）扣眼一侧锁缝到扣眼尾时，横向扎一针，调转方向继续锁缝另一侧。

（3）锁缝时，应倾斜 45°角向上抽针并拉紧缝线，保证线迹工整，表面平服，两头方正。

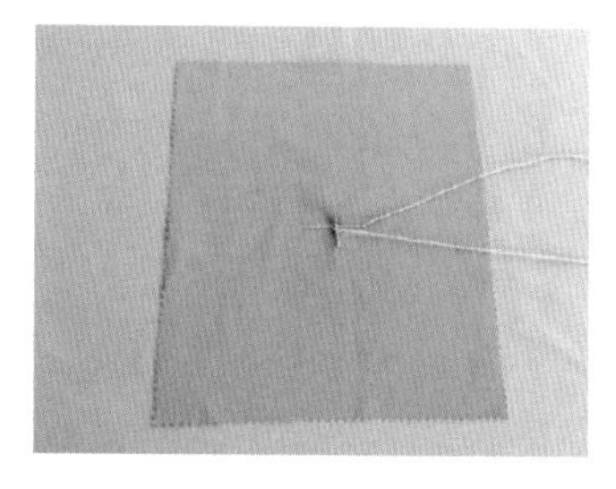

（a）剪扣眼，锁缝毛边

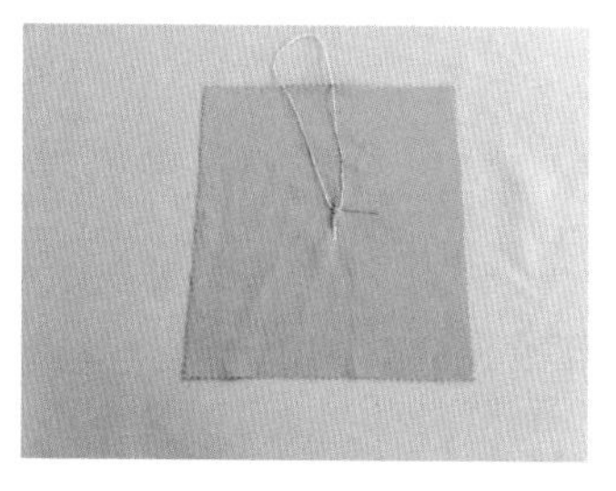

（b）锁眼尾

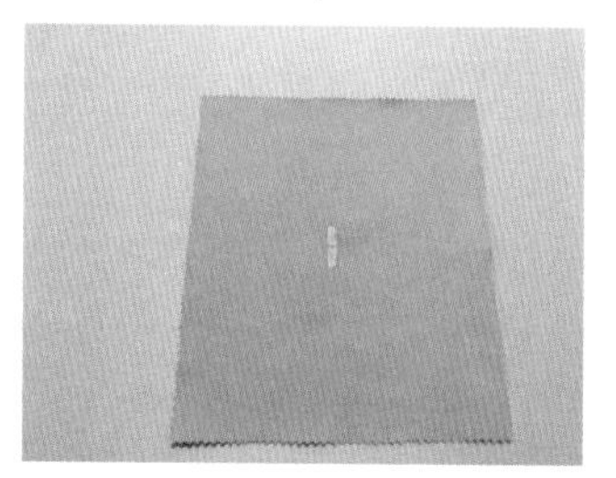

（c）将缝线斜向拉紧

图 2－2－13　锁扣眼

练一练

运用已学手缝工艺设计制作一个布艺图案。

任务三　常用熨烫工艺

活动一　吊瓶熨斗的使用方法

（1）在吊瓶中加入纯净水，挂好吊瓶。注意：不能加入自来水，以免产生水垢；挂吊瓶的支架应稳固，有一定的高度。

（2）挂好吊瓶后，根据面料设定熨烫的温度，打开熨斗的电源开关。

（3）待熨斗达到设定温度后，开始熨烫。熨烫时一手持熨斗，一手按住被熨烫的面料，双手配合。熨烫手法应规范，避免被烫伤或烫坏面料。

（4）熨烫应尽量在面料的反面完成。根据工艺要求，可选择干烫、湿烫、盖布烫等方式，还可借助不同的熨烫工具达到不同的工艺质量要求。

（5）在熨烫的过程中和熨烫完成后，都不能将熨斗直接放在熨烫台案上，而应将熨斗放在隔热垫上，以免发生安全事故。工作结束后，应关闭熨斗电源，拔下熨斗插头，整理好工位，方可离开。

活动二　常用熨烫手法

1. 平烫

平烫时，应将面料平铺，熨斗沿经线方向移动，均匀用力，将面料熨烫平整（见图 2－3－1）。这一手法常用于整理面料和服装一般部位的熨烫。

2. 平烫分缝

熨烫时一手将缝份分开，一手持熨斗向前移动，烫平面料，缝份部位不伸缩，平顺服帖，常用于分缝部位的熨烫（见图 2－3－2）。

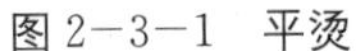

图 2-3-1　平烫

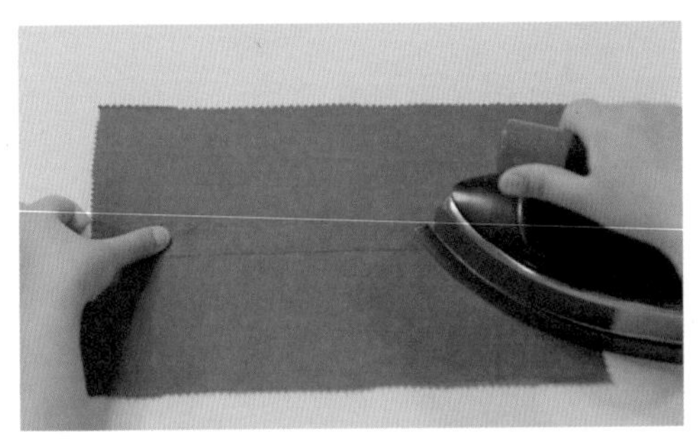

图 2-3-2　平烫分缝

3. 烫扣缝

烫扣缝主要有三种手法，如图 2-3-3 所示。

（1）直扣烫：一手折叠需扣烫的缝份，一手持熨斗向前移动［见图 2-3-3（a)］。常用于熨烫腰头、袖口、下摆等部位，可使用样板配合定型，烫压面料。

（2）弧形扣烫：一手按压需扣烫的缝份，一手持熨斗向前移动，用熨斗尖烫压，使弧形缝边归缩［见图 2-3-3（b)］。常用于熨烫弧形止口部位，可使用样板配合定型。

（3）圆形扣烫：先在圆形缝份上机缝或手缝一道线，将线抽紧，使缝头向内折，再用熨斗尖烫压［见图 2-3-3（c)］。常用于熨烫衣领、袋的圆角部位，可使用样板配合定型。

（a）直扣烫

（b）弧形扣烫

（c）圆形扣烫

图 2-3-3　烫扣缝

4. 归烫与拔烫

归烫与拔烫是将衣片放在烫台上，通过拉伸、收缩处理，使衣片更加贴合人体的熨烫手法。归烫的作用是使衣片缩短，拔烫的作用是使衣片拉伸。

（1）归烫：一手持熨斗，一手将衣片向归拢方向推，移动熨斗将衣片归拢缩短（见图 2-3-4）。

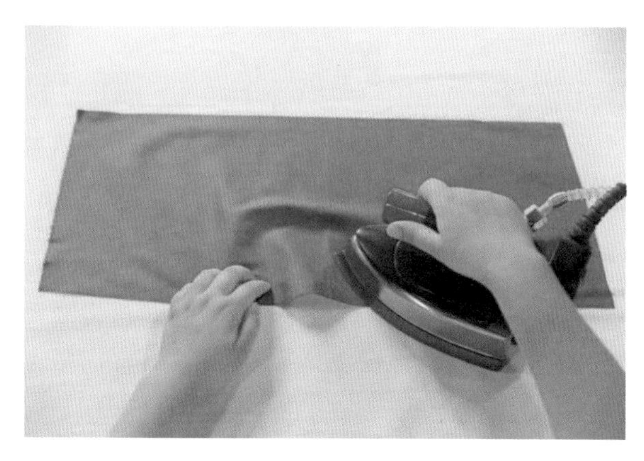

图 2—3—4　归烫

（2）拔烫：一手持熨斗，一手将衣片向拔开方向拉，移动熨斗将衣片伸展拉长（见图 2—3—5）。

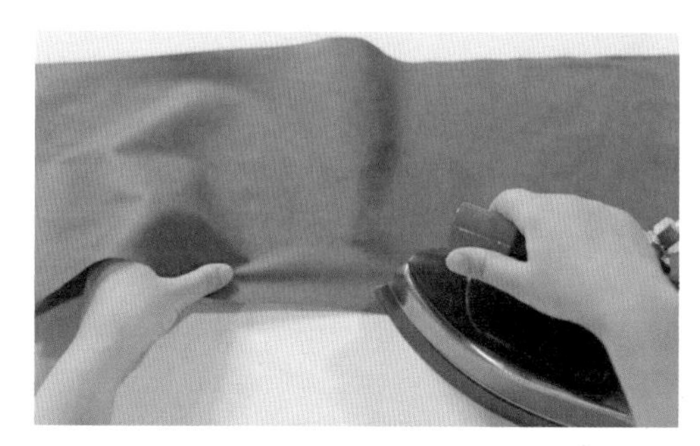

（a）拔烫手法

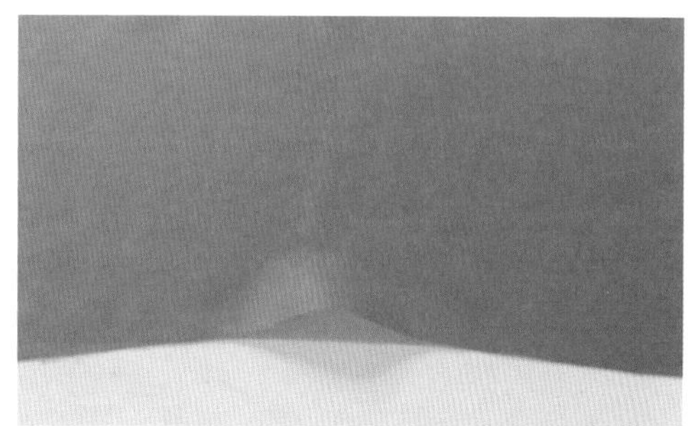

（b）拔烫效果

图 2—3—5　归烫

问题探究

怎样熨烫才能达到工艺质量要求？

温度、湿度、压力和时间，是决定熨烫效果的四大因素。

（1）温度：温度的选择与面料的性能有关，要根据不同面料的性能设定熨斗温度。若温度过高，易将面料烫黄、烫焦、烫变形；若温度过低，则达不到熨烫效果。

（2）湿度：湿度的选择与面料的性能与熨烫方法有关。一般面料通过喷水、喷汽、加热等方式，可提高面料特别是纯毛织物的可塑性。

（3）压力和时间：熨烫压力的大小和时间的长短，应依据面料薄度和回弹性能来决定。通常，熨烫薄而疏、回弹性差的面料，所用压力小、时间短；熨烫厚而密、回弹性好的面料，所用时间稍长，压力也相应加大。

以上四个因素是相辅相成的，湿度高时，温度可偏高，但温度高时，时间应短，压力应小。

知识拓展

粘合衬的种类和熨烫要求

粘合衬，是在基布背面涂覆一层热熔胶而制成，也叫作热熔粘合衬。在使用粘合衬的时候，需要加热，让衬与面料粘合在一起。粘合后的面料将变得挺括美观并富有弹性。制作服装时，需要根据服装的具体要求选择不同的粘合衬。

1. 常用的几种粘合衬

（1）机织粘合衬，稳定性和抗皱性较好，多用于中高档服装。

（2）针织粘合衬，包括经编衬和纬编衬，弹性较好，尺寸稳定，多用于针织物和弹性服装。

（3）非织造粘合衬，以化学纤维为原料制成，也是无纺衬。

2. 粘合衬熨烫三要素

（1）熨烫温度。

粘合衬的热熔胶有相应的熔点，温度过低不会熔化，温度过高又会导致胶质升华失去黏性。一般粘合衬的熨烫温度应控制在120～150℃。薄衬的熨烫温度可比厚衬低一些。

（2）熨烫压力。

熨烫粘合衬时不要滑烫，而要对熨斗施加垂直压力进行压烫。压烫的力度应根据面料的厚薄来决定。在熨烫较薄的面料时，压力不宜过大，因为压力过大会导致热溶胶渗到布料的正面，影响美观。反之，在熨烫较厚的面料时可压得重一些。

（3）熨烫时间。

熨烫的时间一般以5～8秒为宜，时间太短，热熔胶来不及熔化，时间太长，可能烫坏面料。

练一练

练习所学熨烫工艺，学会整理面料。

项目学习评价表

评价项目	评 价 内 容		分值	自我评价	小组评价	教师评价	得分
岗位素养（10 分）	1. 完成当日指定工作任务		3				
	2. 按规定完成基础工艺、手缝基础工艺、熨烫基础工艺的基本操作		2				
	3. 对未完成的基础训练必须按要求多练，熟悉操作		2				
	4. 负责个人机台及工位卫生的日常维护，并在工作结束后关掉电源开关		3				
劳动教育（25 分）	1. 遵守教学实践环节劳动纪律，不迟到、不早退、不旷工		10				
	2. 遵守实训室的规章制度、安全操作规范要求		3				
	3. 尊重师长；爱护实训室设施设备；爱护他人劳动成果，不随意破坏		2				
	4. 完成每日或每周的组内实训室劳动任务		10				
专业能力（40 分）	1. 能正确使用缝纫机完成基本缝型的工艺操作		10				
	2. 能正确使用手缝针完成基本针法的操作		10				
	3. 能正确使用熨斗完成基本熨烫操作		15				
	4. 能安全规范使用缝纫机和熨斗，熟悉安全操作步骤及方法		5				
写作能力（10 分）	完成项目体验与总结		10				
创新能力（15 分）	1. 能运用机缝工艺、手缝工艺、熨烫工艺进行简单布艺品、图案的练习，会资料收集		10				
	2. 能对作品进行描述		5				
项目体验与总结	不足之处						
	改进措施						
	收获						
总 分							

项目三　枕套和靠垫套的缝制工艺

项目描述

枕套和靠垫套都是用来包覆内芯，保持内芯清洁的织物制品，也具有一定的装饰作用。常用于制作枕套和靠垫套的面料有纯棉、涤棉、亚麻、涤纶、真丝、混纺等，除此之外，靠垫套还常用织锦缎、毛织物、针织物等面料制作。枕套的常见款式有一片包型、牛津型（装有平边）和缀边型。靠垫套的常见款式有方形、长形、圆形、仿生形等。常用的装饰工艺手法有刺绣、包边、嵌边等。

项目目标

1. 知识目标

（1）能识读工艺通知单。

（2）能识别面料正反面和面料纱向。

2. 技能目标

（1）能使用所提供的样板进行枕套、靠垫套的裁剪。

（2）会利用平缝、卷边缝、装拉链等工艺制作枕套、靠垫套。

（3）会使用平缝机、蒸汽熨斗等设备缝制、熨烫产品。

（4）会按产品质量标准检验成品质量。

3. 素质目标

（1）能严格遵守安全操作规程，独立完成产品的制作。

（2）能按岗位要求规范摆放工具和裁片，并学会整理工作区域。

项目分析

本项目将基础缝型中的三种缝型结合，运用到常见织物产品的制作中，让学生在完成工作任务的过程中掌握基础知识和基本技能。枕套和靠垫套的制作流程基本一致，有识读工艺单、裁剪、缝制、熨烫、检验等步骤，其中缝制以直线缝为主，不锁边，外观内里均无毛边，在装拆内芯的开口处要加固缝线。

设备准备：平缝机、蒸汽熨斗。

工具准备：划粉、钢尺、软尺、高温记号消失笔、锥子、纱剪、裁缝剪刀。

项目实施

任务一　枕套的缝制

枕套的缝制

活动一　识读工艺单

工艺单是服装生产企业最重要、最基本的生产技术文件，它规定了某一具体款式服装的工艺要求和技术指标，是服装生产及检验的依据。

工艺单的编制是否正确、规范，直接决定了服装生产能否符合产品的规格和质量要求，也决定了生产过程能否合理利用原材料，降低成本，缩短产品的设计和生产周期，提高生产效率和产品质量。

本任务的工艺单见表 3－1－1。

表 3－1－1　牛津型枕套缝制工艺单

<table>
<tr><td>款式名称</td><td>牛津型枕套缝制</td><td>款号</td><td>SS/W01－1</td><td>完成人签字</td><td></td></tr>
<tr><td colspan="3">款式图</td><td colspan="3">成品规格尺寸表　　（单位：cm）</td></tr>
<tr><td colspan="3" rowspan="4">整体　　细节</td><td>枕芯
长、宽</td><td>枕套长</td><td>枕套宽 / 平边装饰宽</td></tr>
<tr><td>74×48</td><td>82</td><td>56 / 4</td></tr>
<tr><td colspan="3">工艺说明及技术要求</td></tr>
<tr><td colspan="3">1. 针距要求：11～14 针/3cm；
2. 缝型要求：平缝、卷边缝缝型；
3. 缉线要求：直线顺直；面、底线松紧一致；缉线平整、宽窄一致，无断针、跳针、脱线等问题</td></tr>
<tr><td>造型特征描述</td><td colspan="2">外观要求</td><td>面料</td><td colspan="2">辅料与配件</td></tr>
<tr><td>呈长方形，正面一片，背面两片，大片压小片，有部分重合，防止枕芯外露，边沿有平边装饰</td><td colspan="2">表面整洁、平服，色泽均匀一致，无疵点、破损；无线头、烫黄、亮光</td><td>1. 成分：纯棉；
2. 纱支：40S；
3. 幅宽：146～148cm；
4. 织物组织：平纹；
5. 用量：1.2m</td><td colspan="2">1. 涤纶线：40S/2，与面料同色；
2. 机针：11 号</td></tr>
</table>

活动二　裁剪面料

枕套的裁剪工序为：面料预缩、排料、裁片。学生使用提供的枕套样板进行裁剪，裁片尺寸与数量必须与工艺单相符，各裁片纱向、各部位剪口必须与样板一致。具体工序及要求如表 3－1－2 所示，枕套裁片图如图 3－1－1 所示。

表 3－1－2　枕套裁剪工序及要求

序号	工序	工艺操作方法	质量标准
1	面料预缩	(1) 水缩：单件或小批量生产，纯棉织物可用清水浸泡 1 小时左右，摊平晾干； (2) 湿热缩：利用蒸汽熨斗给湿给热，在面料上方 1cm 处均匀喷汽，让织物在受湿热的情况下自然回缩，最后关掉熨斗蒸汽烫干熨平	(1) 面料平整，经纬丝缕顺直； (2) 面料尺寸稳定性较好，经向缩率为 3%左右，纬向缩率为 3～5%
2	排料	(1) 识别面料幅宽和面料正反面； (2) 平铺面料，样板按纱向所示方向摆正	(1) 面料正反面识别准确； (2) 裁片纱向正确
3	裁片	(1) 样板划样，做好部位标记； (2) 裁剪布片：正面 1 片，尺寸 84cm×58cm；背面 2 片，尺寸为 65cm × 58cm、45cm × 58cm，见图 3－1－1	(1) 裁片数量准确、标记完整； (2) 裁片尺寸准确； (3) 合理用料

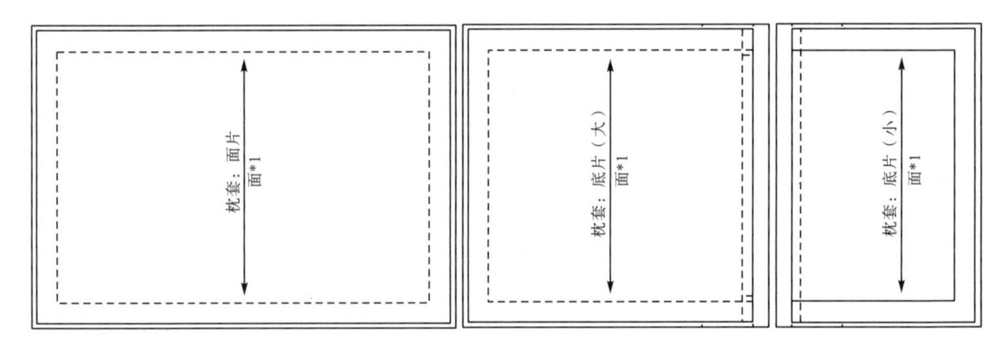

图 3－1－1　**枕套裁片图**

活动三　缝制枕套

缝制枕套共有 3 道工序，分别为背面裁片搭合处毛边处理、正背面裁片缝合、四周平缝平边装饰。缝制过程中要求缉线顺直、牢固，上下线松紧适宜，无跳线、断线，起落针应有回针，成品整洁平服，不得含有金属针。

1. 背面裁片搭合处毛边处理

(1) 扣烫毛边：2 片裁片反面朝上，折烫 0.8cm，再折烫 2cm，扣烫平整（见图 3－1－2）。注意熨斗温度应与面料材质相匹配。

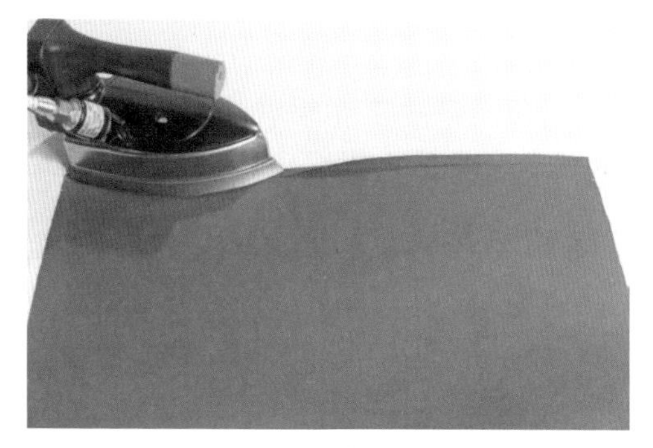

(a) 折烫 0.8cm

(b) 再折烫 2cm

图 3−1−2　扣烫毛边

(2) 做净毛边：在扣烫 1cm 的缝边处做卷边缝，反面沿扣烫止口缉 0.1cm 线，正面缉 2cm 明线（见图 3−1−4）。

(3) 确定搭合宽度：将处理好的 2 片裁片在面料的 1/3 处搭合，小片在下，大片在上，搭合宽度为 15cm，并在距边面料 7cm 处标记开口宽度对位记号（见图 3−1−4）。

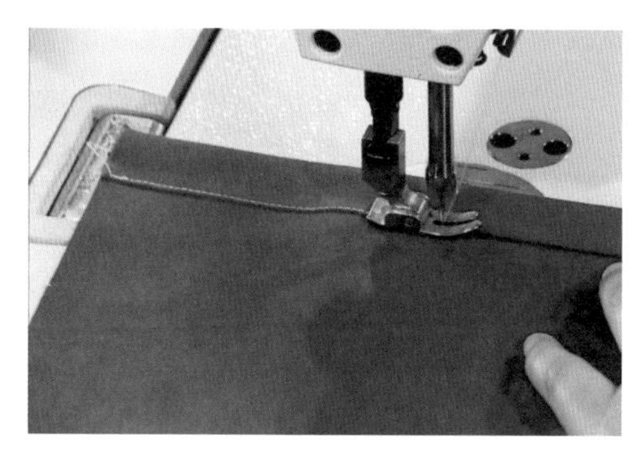

图 3−1−3　做净毛边

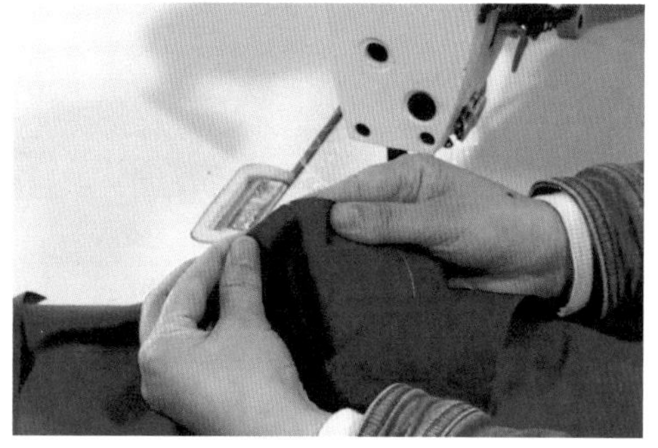

图 3−1−4　确定搭合宽度，标记开口

(4) 固定搭合缝口：标记搭合处缝口止点，长度为 8cm，固定缝口，使线迹距离止口 0.1cm，缝型呈“L”型（见图 3−1−5）。

(a) 标记搭合处缝口止点

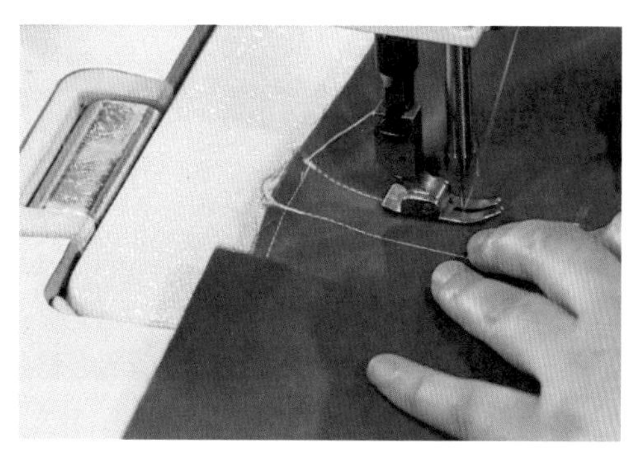

(b) 固定缝口

图 3−1−5　固定搭合缝口

2. 正背面裁片缝合

（1）裁片缝合：将枕套的正面裁片和搭合好的背面裁片正面相对，背面裁片在下，用平缝工艺封闭缝合四周，缝份宽度为 1cm（见图 3－1－6）。缉线顺直、平服。

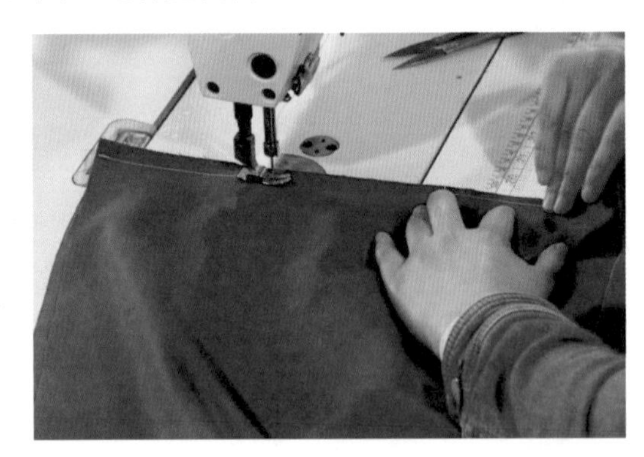

图 3－1－6　正背面裁片缝合

（2）翻角：将缝份修剪至 0.5cm 宽，翻角处斜向 45°角修剪；反面熨烫平整，翻转到正面，枕套四角呈 90°角（图 3－1－7）。

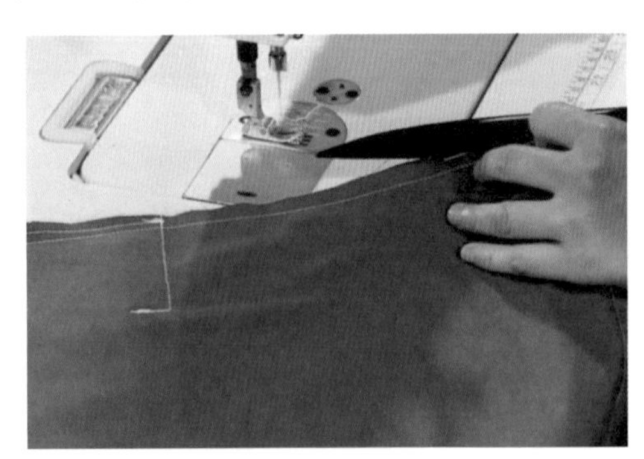

（a）将缝份的毛边修剪至 0.5cm 宽

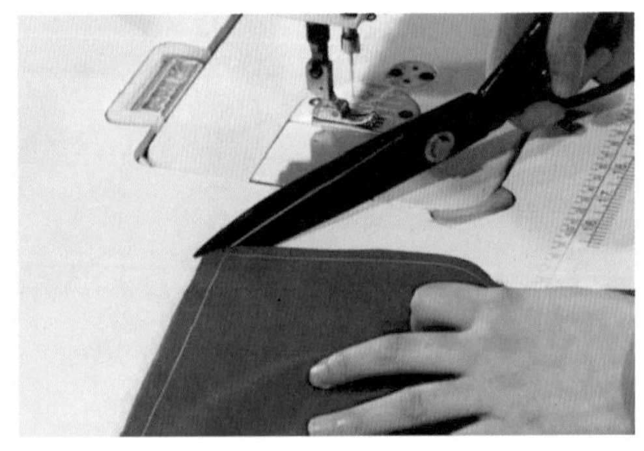

（b）翻角处斜向 45°角修剪

（c）枕套四角呈 90°角

图 3－1－7　翻角

（3）熨烫止口（翻转）：将枕套翻至正面，止口沿边熨烫平整（见图 3－1－8）。

图 3—1—8　熨烫止口

3. 平缝平边装饰

（1）画平边装饰线：枕套装饰线距离止口 4cm，用划粉或高温记号消失笔在面料正面画一圈线（见图 3—1—9）。

（2）缉装饰明线：沿画线平缝一圈，注意保持缉线平直，转角方正。在起始位置打回针，重合 3cm 固定线（见图 3—1—10）。

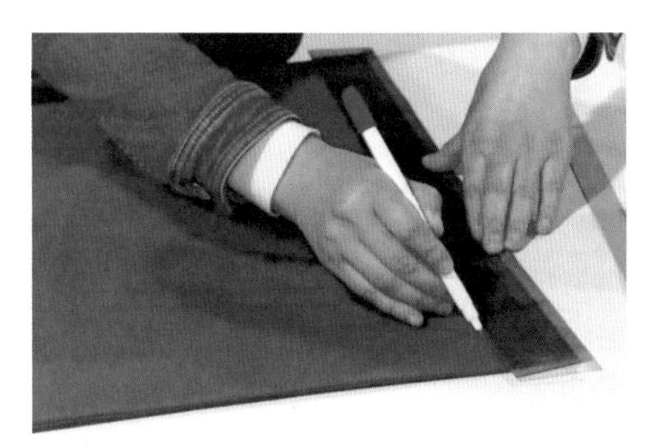

图 3—1—9　画平边装饰线

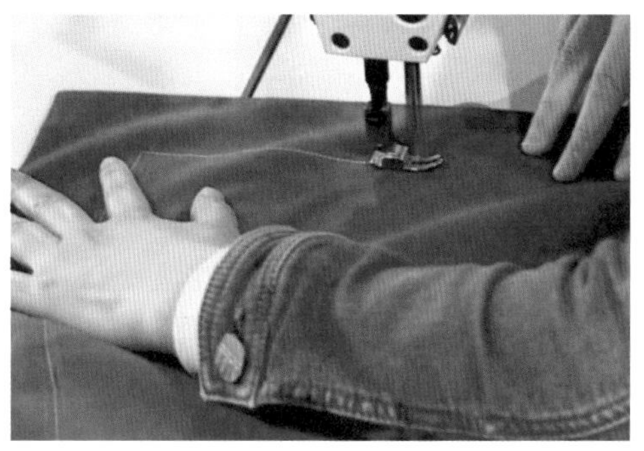

图 3—1—10　缉装饰明线

活动四　成品整烫

枕套整烫方法及要求如表 3—1—3 所示。

表 3—1—3　枕套整烫方法及要求

序号	项 目	具 体 要 求
1	安全操作	通电之前，检查熨斗电线、胶管是否完好，防止漏电；将温控旋钮调至对应面料，控制好温度；不使用熨斗时，关闭熨斗电源，将熨斗放置在搁板上；人离开时，拔下电源插头
2	温度设定	根据所用面料设定熨斗温度；全棉织物的耐热度为 180～200℃；当熨斗温度达到设定温度时，自动停止加热，灯熄灭；当温度降到设定温度以下时，再次自动加热，灯亮
3	成品熨烫要求	四角拉平，向两边抹平（见图 3—1—11）。要求：烫平、烫干、无皱褶；无烫黄、无极光

图 3-1-11 枕套整烫

活动五 检验成品

参照国家标准《公共用纺织品》（GB/T 28459—2012），枕套成品的检验按表 3-1-4 所示工序和要求执行。

表 3-1-4 枕套检验工序及要求

序号	工序	检验方法与要求
1	外观质量	从左至右，自上而下，从前往后，从外到里。以正面为主，目测进行检查
2	纱向检验	目测枕套成品的丝绺是否与工艺单和样板要求一致
3	色差检验	与被测物成 45°度角，目测枕套正背面是否有色花、色差
4	缝制检验	针迹均匀、顺直、牢固，卷边拼缝平服齐直，宽窄一致，不露毛茬；接针套正 5cm 以上重叠，起止回针≥3 道，针密度为 11～14 针/3cm
5	规格测量	测量枕套成品的长度、宽度、平边装饰宽度是否在允许的公差范围内。检查工具使用钢尺，规格尺寸偏差±1cm
6	修剪检验	检查成品的线头是否修剪干净，枕套里面的线头或杂物是否清理干净
7	整烫检验	检查成品整烫是否平服，无极光、无水渍、无烫黄、无污渍

问题探究

什么是预缩？

服装材料在生产过程中会经过织造、精练、染色、整理等各种理化前处理，在各道工序中会受到强烈的机械张力，从而导致织物发生纬向收缩、经向伸长等变形。根据纤维和材料的不同，这些变形的特性各不一样，因此要在裁剪前消除或缓和这些变形的不良因素，使纺织服装制品的变形降低到最小程度，这就是服装材料的预缩。

服装材料的预缩方法有哪些？

（1）自然预缩：在裁剪前将织物抖散，在无堆压及张力的情况下，停放一定的时间，使织物自然回缩，消除张力。各类弹性材料，在使用前也必须抖散、放松，放置 24 小时以上才能使用，否则缩量会很大。

（2）湿预缩：对于收缩率较大的材料，在裁剪前必须给予充分的缩水处理。如棉麻布可直接用清水浸泡，然后摊平晒干；精纺毛呢料可采用喷水烫干；粗纺毛呢料可用湿布覆盖后熨烫至微干；纱带、彩带、嵌线、花边等缩率大的辅料，也需进行“缩水”处理。

（3）热预缩：对于一些在高温下缩率较大的织物，可采取热预缩的方法来缓和织物内部的热应力。一是直接加热法，可以用电熨斗、呢绒整理机等，对布面接触加热；二是通过烘房、烘筒、烘箱的热风或红外线进行热预缩。此外，也可利用工业用机械设备，如蒸汽预缩面料定型机进行面料预缩定型（见图 3—1—12）。

图 3—1—12　蒸汽预缩面料定型机

知识拓展

荷叶边枕套的制作

1. 准备材料

荷叶边枕套裁片如图 3—1—13 所示。

（1）按枕芯尺寸，前、后片长度增加 2.5cm、宽度增加 2.5cm。

（2）荷叶边长度为枕芯周长的 3 倍，宽度为 6～12cm。

2. 计算用料

幅宽 146～148cm，用料 105cm。

3. 制作过程

荷叶边枕套的制作过程如图 3—1—14 所示。

（1）标记荷叶边剪口［见图 3—1—14（a）］。

（2）卷边缝荷叶边外止口，做净毛边［见图 3—1—14（b）］。

（3）抽匀荷叶褶。调大针码，在 1cm 缝份内车缉一周，两头留 20cm 线头，便于抽褶［见图 3—1—14（c）］。

（4）将荷叶褶放置在前后片之间，正面与正面相对［见图 3－1－14（d）］。

（5）缝合枕套前片、后片、荷叶边［见图 3－1－14（e）］。

（6）翻出正面，完成荷叶边枕套的缝制［见图 3－1－14（f）］。

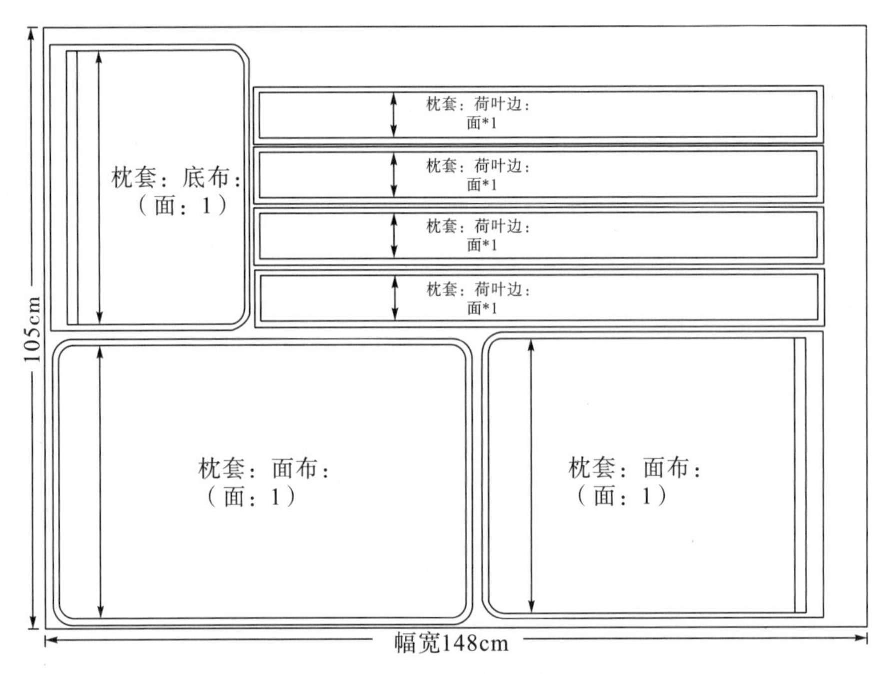

图 3－1－13　荷叶边枕套裁片准备

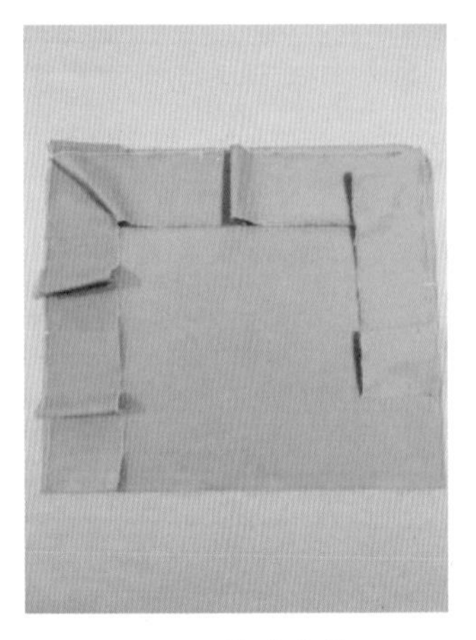

（a）标记荷叶边剪口

（b）卷边缝荷叶边外止口，做净毛边

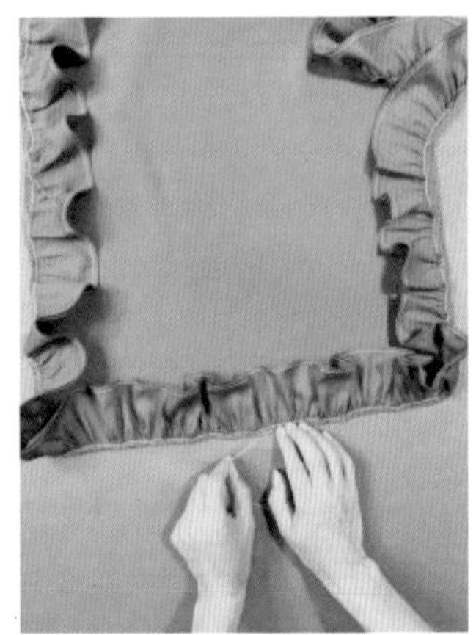

（c）抽匀荷叶褶

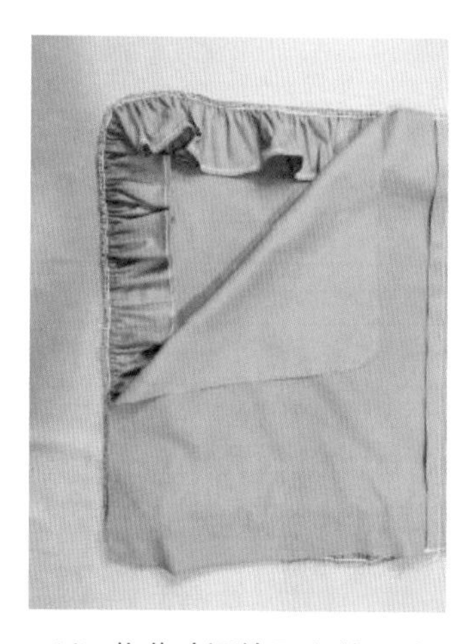

(d) 将荷叶褶放置在前后片之间

(e) 缝合枕套前片、后片、荷叶边

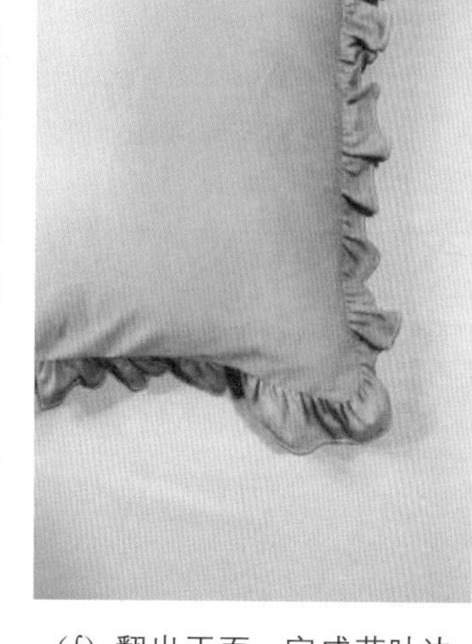

(f) 翻出正面，完成荷叶边枕套的缝制

图 3-1-14　荷叶边枕套的制作

练一练

试制一款枕套（款式、规格不限），要求：

(1) 自行绘制款式图线稿或款式图片。

(2) 按工艺单与工艺操作方法要求进行缝制、检验。

(3) 参与项目展评活动，记录工艺流程并讨论交流。

靠垫套的缝制

任务二　靠垫套的缝制

靠垫可在卧室和客厅使用，既有实用价值，又有较强的装饰作用。其形状有方形、圆形和椭圆形，也可模仿动物、人物、水果及其他有趣的形象进行制作。靠垫套可选用的面料有棉布、绒布、锦缎、尼龙或麻布等。靠垫套的图案多样，装饰手法有彩绣、贴绣、十字绣等。

活动一　识读工艺单

靠垫套缝制工艺单如表表 3-2-1 所示。

表 3-2-1　靠垫套缝制工艺单

<table>
<tr><td>款式名称</td><td>靠垫套</td><td>款号</td><td>SS/W01-2</td><td>完成人签字</td><td></td></tr>
<tr><td colspan="3">款式图</td><td colspan="3">成品规格尺寸表　　（单位：cm）</td></tr>
<tr><td colspan="3" rowspan="4">靠垫　　拉链细节</td><td>内芯长、宽</td><td>靠垫套长</td><td>靠垫套宽</td></tr>
<tr><td>45×45</td><td>45</td><td>45</td></tr>
<tr><td colspan="3">工艺说明及技术要求</td></tr>
<tr><td colspan="3">1. 针距要求：11～14 针/3cm；
2. 缝型要求：平缝、三线包缝、隐形拉链工艺；
3. 缉线要求：直线顺直；面底线松紧一致；缉线平整、宽窄一致，无断针、跳针、脱线等问题；
4. 隐形拉链闭合无漏齿，拉合顺滑</td></tr>
<tr><td colspan="2">造型特征描述</td><td>外观要求</td><td colspan="2">面料</td><td>辅料与配件</td></tr>
<tr><td colspan="2">呈方形，正背面各一片，侧边隐形拉链封口</td><td>表面整洁、平服，色泽均匀一致，无疵点、破损；无线头、烫黄、亮光。</td><td colspan="2">1. 成分：混纺；
2. 幅宽：146～148cm；
3. 织物组织：平纹；
4. 用量：0.5m</td><td>1. 涤纶线：40S/2，与面料同色；
2. 隐形拉链：长 35cm，拉头颜色与面料相近；
3. 机针：11 号</td></tr>
</table>

活动二　裁剪面料

靠垫套的裁剪工序分为：铺料、裁片。学生使用提供的样板或自制样板进行裁剪，裁片尺寸与数量必须与工艺单相符，各裁片纱向、各部位剪口与样板一致。具体工序及要求如表 3-2-2 所示。

表 3-2-2　靠垫套裁剪工序及要求

序号	工序	工艺操作方法	质量标准
1	铺料	（1）正确识别面料有效幅宽和面料正反面； （2）识别面料经纬向性能，确定拉链开口方向	（1）面料正反面识别准确； （2）裁片经纬纱向正确
2	裁片	（1）样板划样，做好正背面对位标记、拉链开口标记； （2）裁剪布片：正、背面各 1 片，尺寸为 45cm×45cm（见图 3-2-1）	（1）裁片数量准确、标记完整； （2）裁片尺寸准确； （3）合理用料

在单件排料时，有时会因为面料幅宽因素造成面料使用的不合理。此任务中，面料幅宽为 148cm，靠垫长、宽均为 45cm，可选择采用 3 件套排的方式，有效使用面料，尽可能节约用料，降低成本。

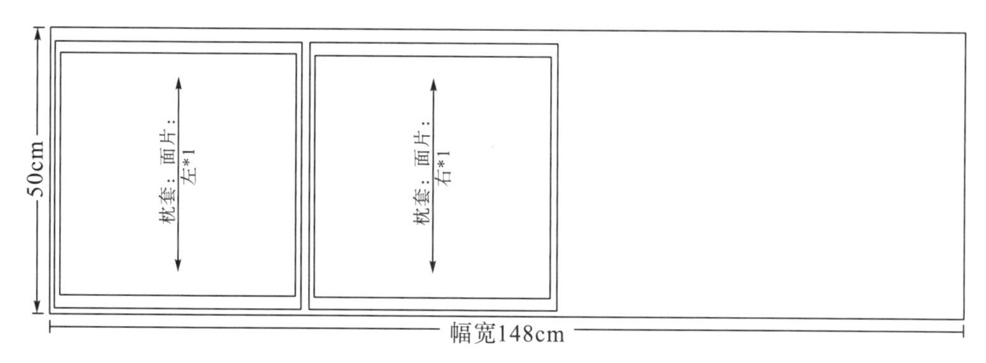

图 3－2－1　靠垫套的布片裁剪图

活动三　缝制靠垫套

缝制靠垫套的工序与缝制枕套相同，都为正背面裁片缝合、翻角、翻面，但靠垫套和枕套的封口方式不一样。靠垫套的封口为隐形拉链封口，为防止面料缝边有毛茬，一般会在反面做包缝处理。

1. 裁片缝合

裁片正面隐形拉链开口侧不缝合，其余三边，缝合至拉链止口剪口位，在开始、结束时用回针固定（见图 3－2－2）。

2. 三线包缝

使用三线包缝机处理缝合处毛边。拉链处止口分开缝包缝，其余三边合缝包缝（见图 3－2－3）。

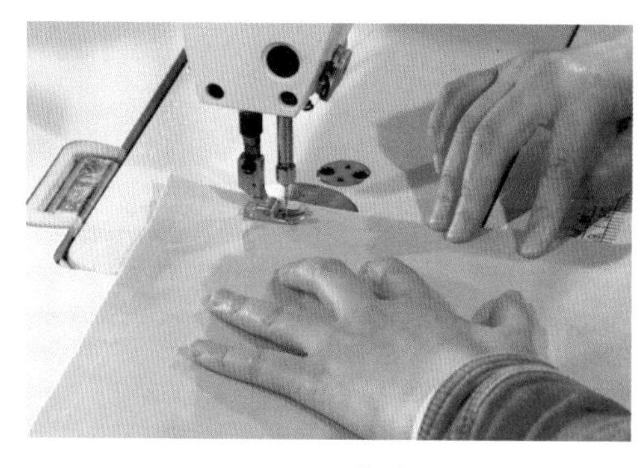

图 3－2－2　裁片缝合

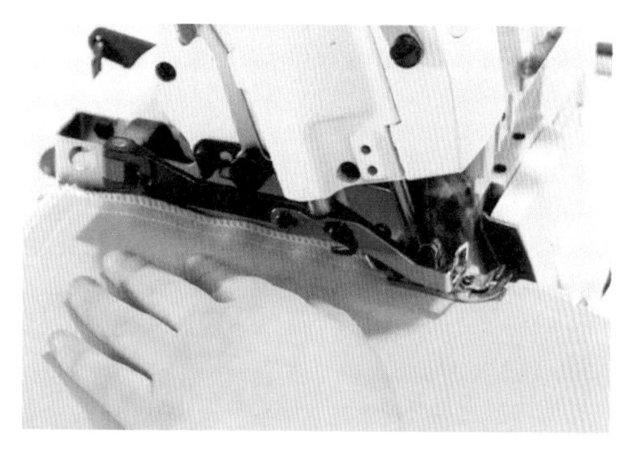

图 3－2－3　三线包缝

3. 装隐形拉链

（1）整理隐形拉链：拨开卷着的拉链齿，用水打湿拉链用熨斗把拉链烫开烫平（见图 3－2－4）。

图 3－2－4　整理隐形拉链

（2）绱隐形拉链：先做好拉链长度定位，再用服装专用双面胶将隐形拉链和面料缝合位暂时固定；使用单边压脚，拨开拉链齿，机针沿拉链齿缝制，按拉链定位长度缝制（见图 3－2－5）。要求缉线顺直、拉链平服。

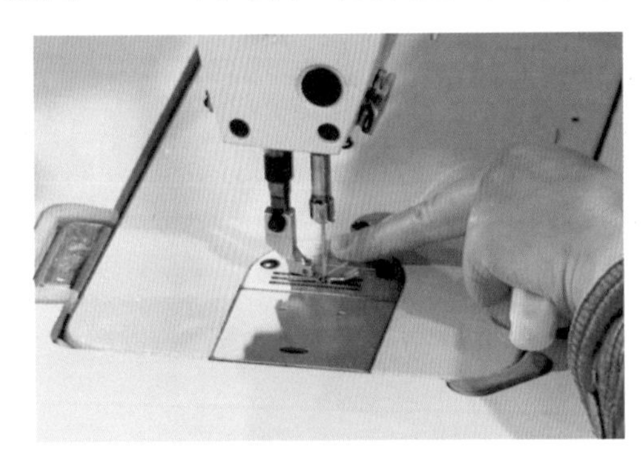

（a）使用单边压脚

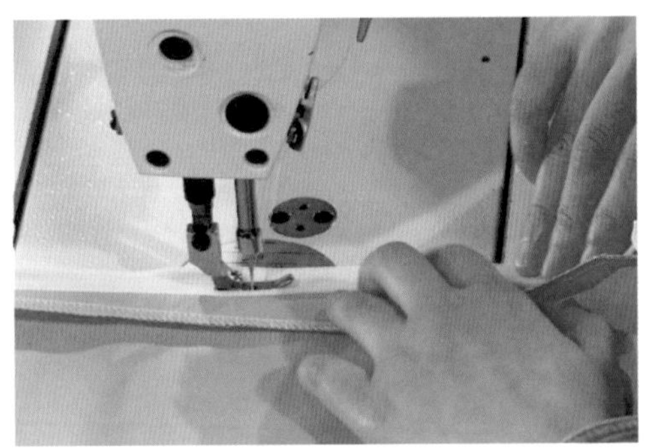

（b）拨开拉链齿，机针沿拉链齿缝制

图 3－2－5　绱隐形拉链

4. 翻面、翻角

将靠垫套翻至反面，四个翻角折叠翻出，翻角正面呈 90°角（见图 3－2－6）。

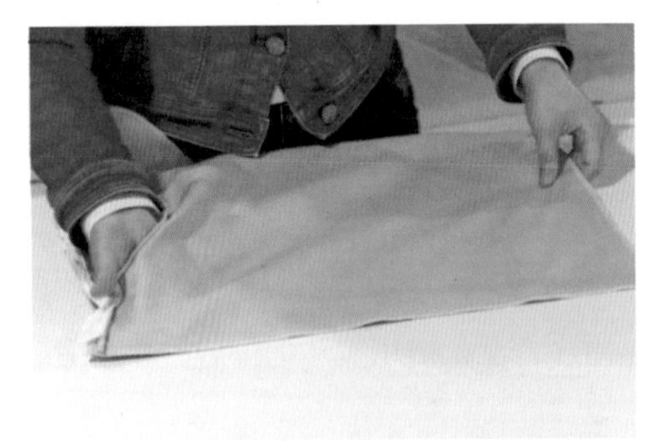

（a）翻面

（b）翻直角

图 3－2－6　翻面、翻角

活动四　成品整烫

靠垫套成品整烫方法及要求如表 3—2—3 所示。

表 3—2—3　靠垫套整烫方法及要求

序号	项 目	具 体 要 求
1	安全操作	通电之前，检查熨斗电线、胶管是否完好，防止漏电；将温控旋钮调至对应面料，控制好温度；不使用熨斗时，关闭熨斗电源，将熨斗放置在搁板上；人离开时，拔下电源插头
2	温度设定	根据所用面料设定熨斗温度。棉涤混纺织物耐热度为 130～150℃
3	成品熨烫要求	四角拉平（见图 3—2—7）。要求：向两边抹平，烫平、烫干，做到无皱褶、无烫黄、无极光；拉链顺直、平服

（a）熨烫四周

（b）熨烫整体

图 3—2—7　四角拉平

活动五　检验成品

参照国家标准《公共用纺织品》（GB/T 28459—2012），靠垫套成品的检验如表 3—2—4 所示工序和要求执行。

表 3—2—4　靠垫套检验工序及方法要求

序号	工序	要求
1	外观质量	从左至右，自上而下，从前往后，从外到里。以正面为主，里面包缝整洁，目测进行检查
2	纱向检验	目测靠垫套成品的丝绺是否与工艺单和样板要求一致
3	色差检验	与被测物成 45°角，目测靠垫套正背面是否有色花、色差
4	缝制检验	检验针迹均匀、顺直、牢固，宽窄一致，不露毛茬；接针套正 5cm 以上重叠，起止回针≥3 道，针密度为 11～14 针/3cm。拉链缝制平服，缝口闭合不漏齿，拉合顺滑
5	规格测量	测量靠垫套成品的长度、宽度是否在允许的公差范围内。检查工具使用钢尺，规格尺寸偏差±1cm
6	修剪检验	检查成品的线头是否修剪干净，里面的线头或杂物是否清理干净
7	整烫检验	检查成品整烫是否平服，无极光、无水渍、无烫黄、无污渍

问题探究

什么是嵌边？

所谓嵌边，指的是镶在两个裁片之间的嵌条，也叫“出芽条”。

嵌边的工艺方法有哪些？

嵌边的工艺方法分为两种（见图 3－2－8）：有绳嵌边和无绳嵌边。无绳嵌边是嵌边里侧没有绳［见图 3－2－8（a）］。有绳嵌边就是嵌边里侧穿有一根 0.3cm 粗的细棉绳［见图 3－2－8（b）］。嵌边剪时有直裁、斜裁、横裁三种类型，其中斜裁用得较多。

（a）无绳嵌边

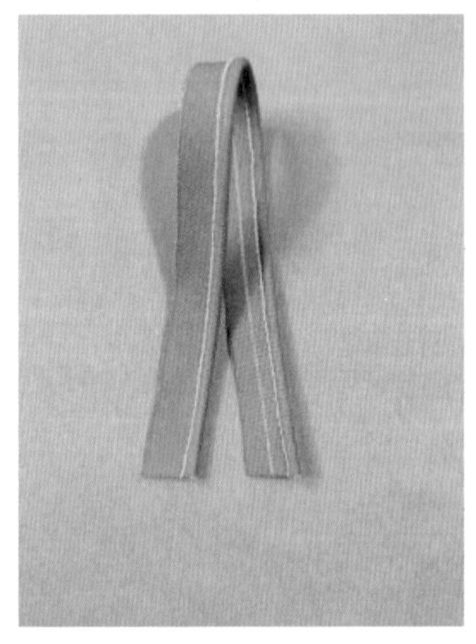

（b）有绳嵌边

图 3－2－8　嵌边的工艺方法

嵌边的用途是什么？

嵌边通常是被缉在缝份中，起装饰作用，在缝制包袋时，嵌边还可起支撑作用，让包袋更挺（见图 3－2－9）。

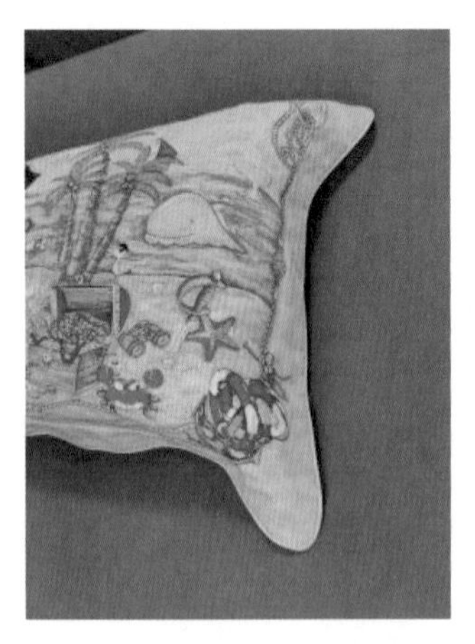

（a）靠垫嵌边的装饰作用

（b）服装嵌边的装饰作用

（c）包袋嵌边的支撑作用

图 3－2－9　嵌边的作用

知识拓展

贴布绣

贴布绣也称补花绣，是一种将其他布料剪成一定图案，绣缝在布艺品、服饰上的刺绣形式。贴布绣的图案以块面为主，也可在贴花布与绣面之间衬垫棉花等物，使图案隆起，增强其立体感。常用针法有平伏针绣、锁边绣、飞形绣、藏针缝、直针缝（见图 3—2—10）。

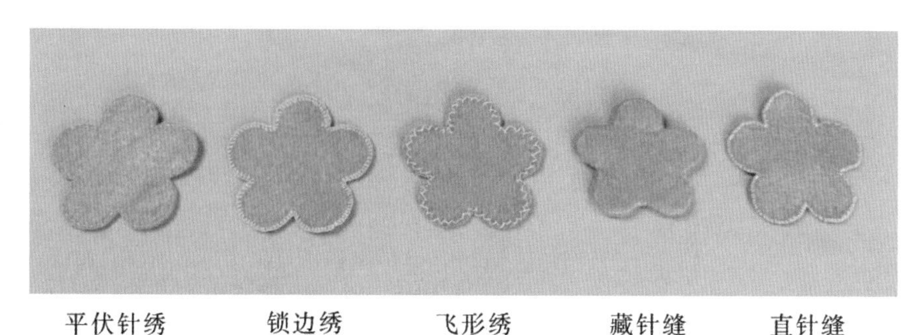

图 3—2—10　贴布绣常用针法

（1）平伏针绣通常用来绣直线和轮廓，是以相等间距在底部上穿梭绣成，用于固定贴布的边缘（见图 3—2—11）。

（2）锁边绣是一种用途很广的刺绣针法，它常被用于贴布边缘的装饰以及真正的锁边场合（见图 3—2—12）。

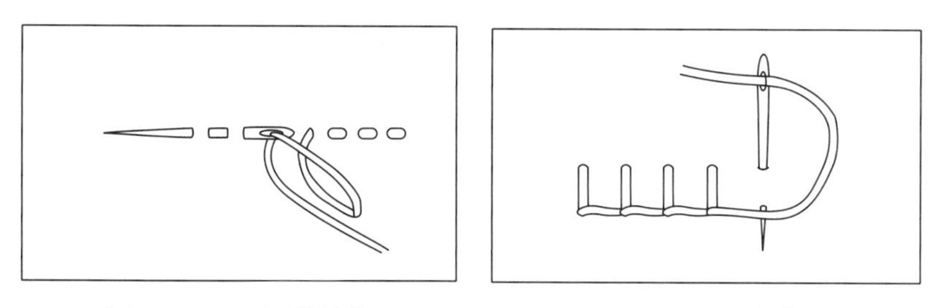

图 3—2—11　平伏针绣　　图 3—2—12　锁边绣

（3）飞形绣是绣成“Y”或“V”字形，常在绣小花或填补面积时使用（见图 3—2—13）。

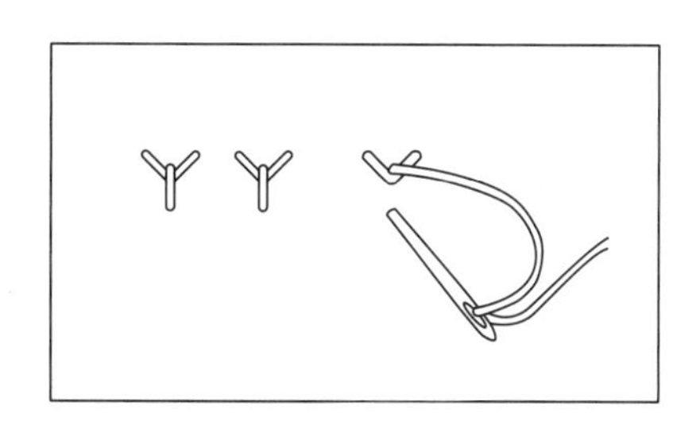

图 3—2—13　飞形绣

（4）藏针缝是将缝线隐藏的缝法，主要用于边缘、缝口的缝合，以及裁片的组合接缝处（见图 3—2—14）。

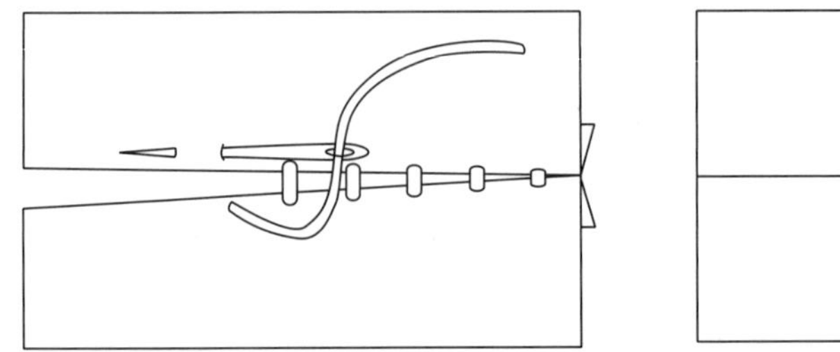
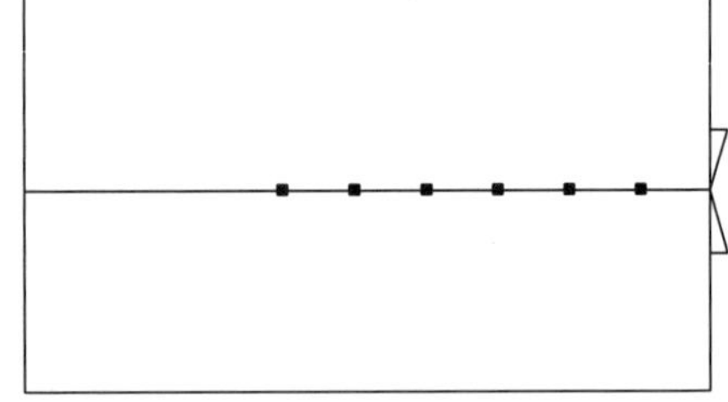

图 3—2—14　藏针缝

（5）直针缝是用直线绣成形体，线路起落针全在边缘，在抽出线的部位，以圆形方向缝制，使边口齐整（见图 3—2—15）。

图 3—2—15　直针缝

贴布绣图例如图 3—2—16 所示。

(a)　(b)　(c)

(d)　(e)

图 3—2—16　贴布绣图例

练一练

试制一款靠垫（款式、规格不限），要求：

（1）自行绘制款式图线稿或款式图片；

（2）编制工艺单；

（3）应用所学隐形拉链工艺、手缝针法，并试用嵌边工艺、贴布绣等拓展练习；

（4）参与项目互评、展评活动。

项目学习评价表

评价项目	评价内容	分值	自我评价	小组评价	教师评价	得分
岗位素养（10分）	1. 完成当日指定工作任务	3				
	2. 按规定质量标准完成指定工序的缝制后，再进行下一道工序	2				
	3. 对不合格产品必须按质量标准及时返工	3				
	4. 负责个人机台及工位卫生的日常维护，并在工作结束后关掉电源开关	2				
劳动教育（25分）	1. 遵守教学实践环节劳动纪律，不迟到、不早退、不旷工	10				
	2. 遵守实训室的规章制度、安全操作规范要求	3				
	3. 尊重师长；爱护实训室设施设备；爱护他人劳动成果，不随意破坏	2				
	4. 完成每日或每周的组内实训室劳动任务	10				
专业能力（40分）	1. 会识读工艺单，会识别材料，能按工艺单要求备料、缝制	5				
	2. 能按裁剪质量标准、裁剪步骤进行面料裁剪，面料裁剪数量、纱向无误	5				
	3. 会识读工艺步骤图解，能按工序、半成品质量要求进行缝制	15				
	4. 能按熨烫安全操作规范、操作步骤及方法要求进行成品整烫	5				
	5. 会按检验步骤及方法要求进行枕套、靠垫套成品检验，且缝制的产品质量合格	10				
写作能力（10分）	完成项目体验与总结	10				

续表

<table>
<tr><th>评价项目</th><th colspan="2">评 价 内 容</th><th>分值</th><th>自我评价</th><th>小组评价</th><th>教师评价</th><th>得分</th></tr>
<tr><td rowspan="2">创新能力
（15 分）</td><td colspan="2">1．能运用隐形拉链工艺、嵌边工艺、手缝针法、贴布绣方法等进行款式拓展练习，完成款式资料收集、产品制作</td><td>10</td><td></td><td></td><td></td><td></td></tr>
<tr><td colspan="2">2．能对作品进行描述、展示</td><td>5</td><td></td><td></td><td></td><td></td></tr>
<tr><td rowspan="3">项目体验与总结</td><td>不足之处</td><td colspan="6"></td></tr>
<tr><td>改进措施</td><td colspan="6"></td></tr>
<tr><td>收获</td><td colspan="6"></td></tr>
<tr><td colspan="2">总 分</td><td colspan="6"></td></tr>
</table>

项目四　餐厨布艺品的缝制工艺

项目描述

袖套和围裙是常见的餐厨布艺品，在餐厨作业中具有重要的使用价值，使用袖套和围裙的目的是防止弄脏或弄湿衣物。此外，袖套和围裙也具有一定的装饰作用。餐厨用袖套常用的面料有纯棉、针织棉、珊瑚绒、夹棉等不防水布料和 PVC 防水面料等。不防水的面料手感柔软、不伤皮肤，但需要经常换洗；防水面料具有易洗易干、耐洗耐用、四季皆可用的特点。围裙常用的面料有纯棉、防水绸缎、帆布、无纺布、再生 PET 面料等，样式有半身型、挂脖型、背心型、全身型等。

项目目标

1. 知识目标

（1）能识读工艺通知单，能按工艺单要求试制产品。

（2）能描述所缝制产品的工艺流程。

2. 技能目标

（1）能使用所提供样板进行袖套、围裙的裁剪。

（2）会利用来去缝、装松紧带、贴边、贴袋工艺制作袖套和围裙。

（3）能熟练使用平缝机、蒸汽熨斗等设备缝制、熨烫产品。

（4）会按产品质量标准检验成品质量，并标示出不合格部位。

3. 素质目标

（1）培养节约习惯，树立环保意识。

（2）遵守岗位安全操作规程，培养安全与责任意识。

（3）规范整理工作区域，树立正确的劳动观。

项目分析

本项目将平缝、卷边缝、来去缝、贴袋等工艺结合，运用到餐厨布艺品的制作中。其中袖套以来去缝工艺为主，围裙以贴袋工艺为主。两种产品都不锁边，外观内里均无毛边，制作时应巧妙运用多种布边止口毛边处理方法。

设备准备：平缝机、蒸汽熨斗。

工具准备：划粉、钢尺、软尺、高温记号消失笔、锥子、纱剪、裁缝剪刀。

项目实施

袖套的缝制

任务一　袖套的缝制

袖套，也称套袖，是戴在手臂、袖管外的套子，可保护衣服的袖管，也具有防晒、装饰作用。袖套上大下小，其松紧度按围度设计，以舒适为宜。本节将重点介绍袖套的缝制方法，由于其有防污、防水、耐磨等优点，缝制时常选用棉布和PVC防水面料。

活动一　识读工艺单

袖套缝制工艺单如表4-1-1所示。

表4-1-1　袖套缝制工艺单

<table>
<tr><td>款式名称</td><td>袖套</td><td>款号</td><td>SS/C01-3</td><td>完成人签字</td><td></td></tr>
<tr><td colspan="2">款式图</td><td colspan="4">成品规格尺寸表　单位：cm</td></tr>
<tr><td colspan="2" rowspan="4">款式图　细节图</td><td>袖套长</td><td>袖套宽</td><td>上口围度</td><td>下口围度</td></tr>
<tr><td>40</td><td>38</td><td>26</td><td>16</td></tr>
<tr><td colspan="4">工艺说明及技术要求</td></tr>
<tr><td colspan="4">1. 针距要求：10～14针/3cm；
2. 缝型要求：来去缝、卷边缝缝型；
3. 缉线要求：直线顺直；面、底线松紧一致；缉线平整、宽窄一致，无断针、无跳针、脱线等问题，来去缝不露毛茬；
4. 松紧带搭接牢固</td></tr>
<tr><td>造型特征描述</td><td>外观要求</td><td colspan="2">面料</td><td colspan="2">辅料与配件</td></tr>
<tr><td>呈圆筒状，上大下小，左右共两片，两头松紧带收口</td><td>表面整洁、平服，毛边处理整齐；无疵点、破损；无线头、烫黄、亮光；松紧带松度适宜</td><td colspan="2">1. 成分：纯棉；
2. 纱支：40S；
3. 幅宽：146～148cm；
4. 织物组织：平纹；
5. 用量：50cm</td><td colspan="2">1. 涤纶线：40S/2，与面料同色；
2. 机针：11号；
3. 松紧带：长1m，宽0.5cm</td></tr>
</table>

活动二　裁剪面料

使用提供的袖套样板进行裁剪，裁片尺寸与数量必须与工艺单相符，纱向与样板一致。具体工序及要求如表 4—1—2 所示。

表 4—1—2　袖套裁剪工序及要求

序号	工序	工艺操作方法	质量标准
1	排料	(1) 识别面料幅宽和面料正反面； (2) 平铺面料，样板按纱向所示方向摆正	(1) 面料正反面识别准确； (2) 裁片经纬纱向正确
2	裁片	(1) 样板划样，做好部位标记； (2) 裁剪布片，2 片面料的尺寸均为 44cm×40cm (见图 4—1—1)；上、下口松紧带分别为 28cm、18cm	(1) 裁片数量准确、标记完整； (2) 裁片尺寸准确； (3) 合理节约用料

面料幅宽为 148cm，1 副袖套用料 50cm，断料后有浪费，故可选择将 3 副袖套套排，面料用量为 1m，从而有效使用面料幅宽，节约用料，降低成本。

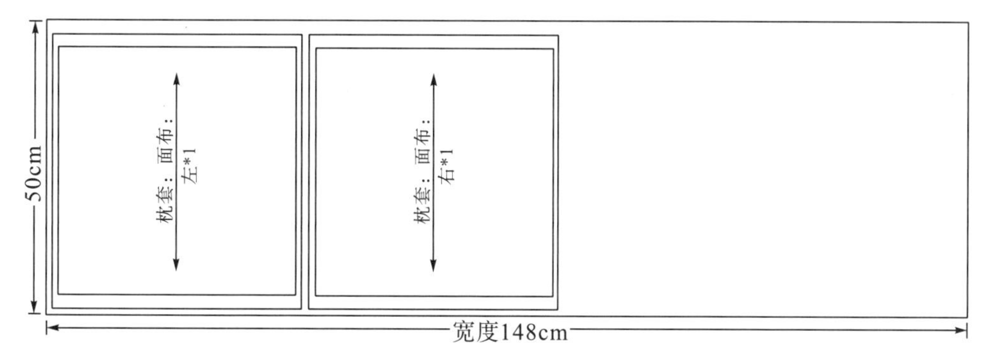

图 4—1—1　袖套排料裁剪图

活动三　缝制袖套

袖套的缝制有两道工序：缝合袖套底缝、装松紧带。缝制过程中要求来去缝缉线顺直、牢固、无毛茬；面、底线松紧适宜，无跳线、断线，起落针应有回针；松紧带松度适宜、均匀；成品整洁、平服。

1. 缝合袖套底缝

可选择来去缝工艺缝制袖套底缝。

(1) 平缝袖套底缝：将裁片反面相对对齐，缝一道线，缝份宽度为 0.3～0.5cm (见图 4—1—2)。

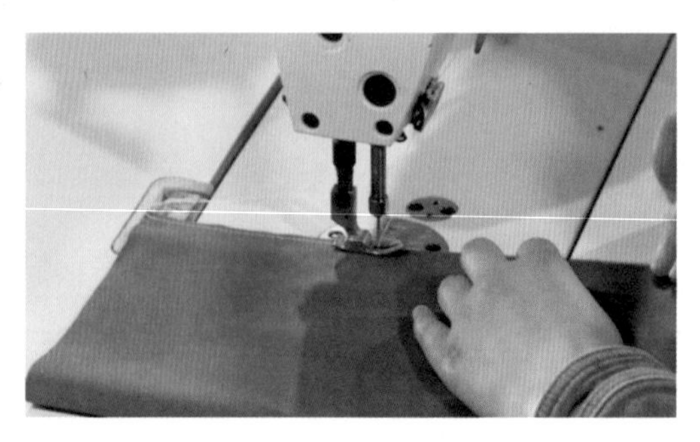

图 4－1－2　平缝袖套底缝

（2）熨烫袖套底缝：修齐缝份，熨烫平整。先熨烫正面，再翻转袖套，熨烫反面（见图 4－1－3）。

（a）熨烫正面　　（b）熨烫反面

图 4－1－3　熨烫缝型

（3）完成来去缝：裁片正面相对，将缝份包在里面，沿缝合过的边缉第二道线，缝份宽度为 0.6～1cm（见图 4－1－4）。

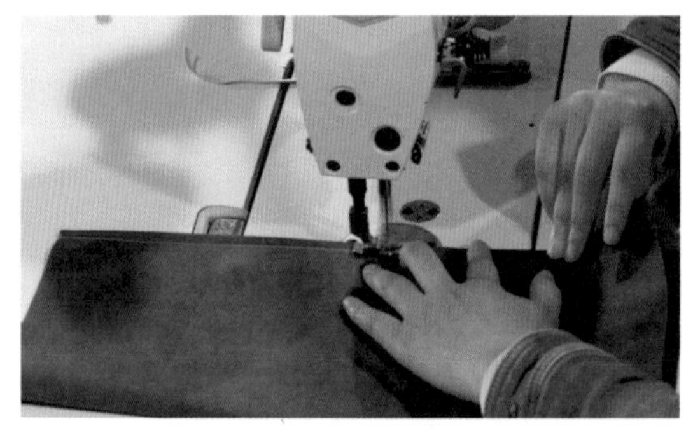

图 4－1－4　完成来去缝

（4）二次熨烫袖套底缝：先将反面熨烫平服，再翻转袖套，熨烫正面（见图 4－1－5）。

(a) 熨烫反面

(b) 熨烫正面

图 4-1-5　二次熨烫缝型

2. 安装松紧带

(1) 搭接松紧带：将松紧带搭合 2cm，用来回针固定（见图 4-1-6）。

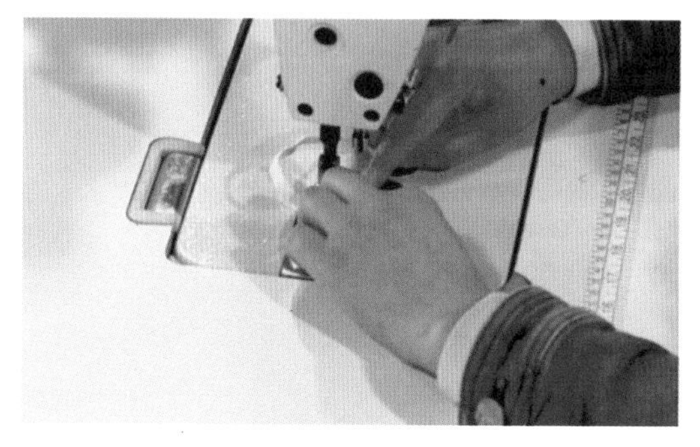
(a) 搭合松紧带

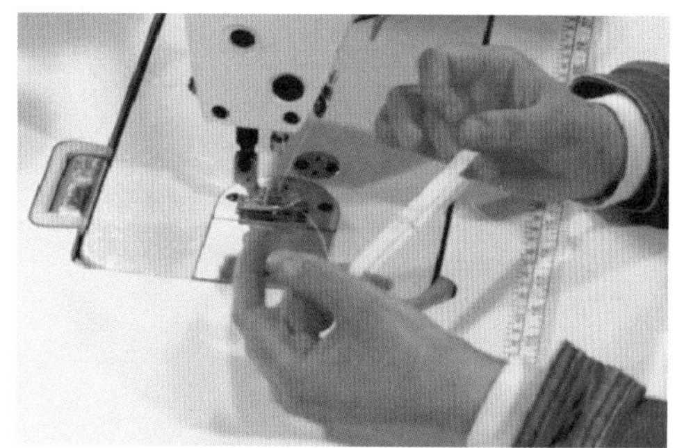
(b) 用来回针固定

图 4-1-6　搭接松紧带

(2) 安装松紧带：对袖套口做卷边缝，缝份宽度大于松紧带宽度约 0.3cm；将松紧带置于卷边缝内，缝合袖套口一圈，起止针处打倒回针；缝的时候注意缝线不要扎到松紧带（见图 4-1-7）。

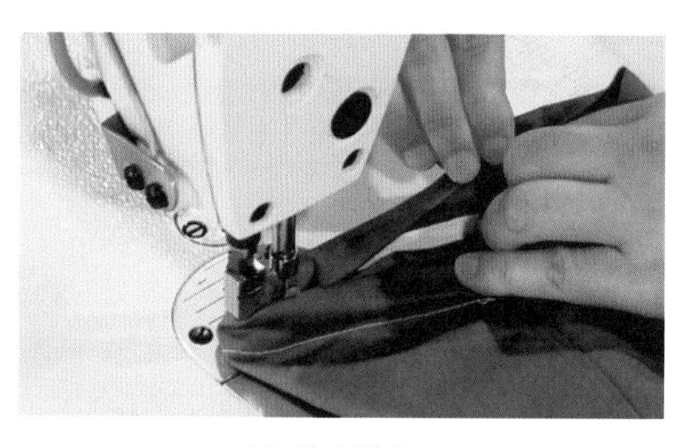
(a) 缝合袖套口

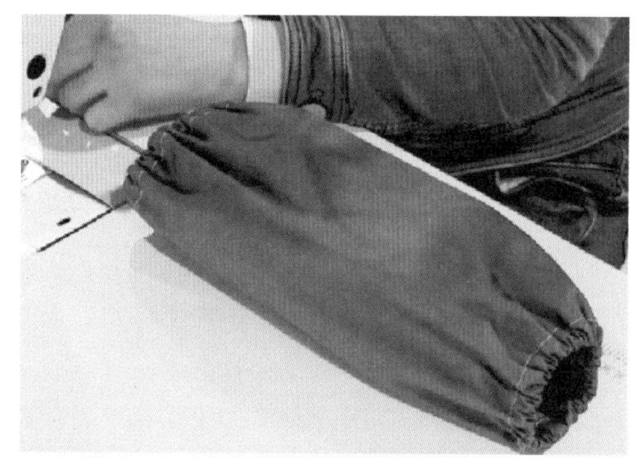
(b) 完成松紧带安装

图 4-1-7　安装松紧带

活动四　成品整烫

袖套整烫方法及要求如表 4－1－3 所示。

表 4－1－3　袖套整烫方法及要求

序号	项 目	具 体 要 求
1	安全操作	通电之前，检查熨斗电线、胶管是否完好，防止漏电；将温控旋钮调至对应面料，控制好温度；不使用熨斗时，关闭熨斗电源，将熨斗放置在搁板上；人离开时，拔下电源插头
2	温度设定	根据所用面料设定熨斗温度。纯棉织物耐热度为 160～180℃
3	成品熨烫要求	平整、无皱褶，无烫黄、无极光（见图 4－1－8）

图 4－1－8　熨烫袖套成品

活动五　检验成品

参照福州原味生活贸易有限公司发布的企业标准《围裙、袖套》（Q/FZYW009－2019），袖套成品的检验如表 4－1－4 所示工序和要求执行。

表 4－1－4　袖套检验工序及方法要求

序号	工序	检验方法与要求
1	外观质量	外形应端正，无畸形或破损；表面应清洁，花色图案美观大方；缝纫针无漏针、跳针、浮针；松紧带松度适宜
2	纱向检验	目测袖套成品的丝绺是否与工艺单和样板要求一致
3	色差检验	目测左右袖套是否有色花、色差
4	缝制检验	针迹均匀、顺直、牢固，卷边缝、来去缝平服齐直、宽窄一致，不露毛茬；来去缝宽度为 0.6～1cm；起止回针≥3 道，针密度为 10～14 针/3cm
5	规格测量	测量袖套成品的长度、宽度、袖口大小是否在允许的公差范围内；检查工具使用钢尺，长和宽偏差±1cm，袖口大小偏差±0.5cm
6	修剪检验	检查成品的线头是否修剪干净
7	整烫检验	检查成品整烫是否平服，无极光、无水渍、无烫黄、无污渍

问题探究

缝份的毛边，有哪些常用的处理方法？

（1）包缝：常用的有三线包缝、四线包缝、五缝包缝，起防止面料边缘脱散的作用。三线包缝和四线包缝为最常用的机织制品服装的包边，五线包缝可同时进行合缝和包缝（见图 4－1－9）。

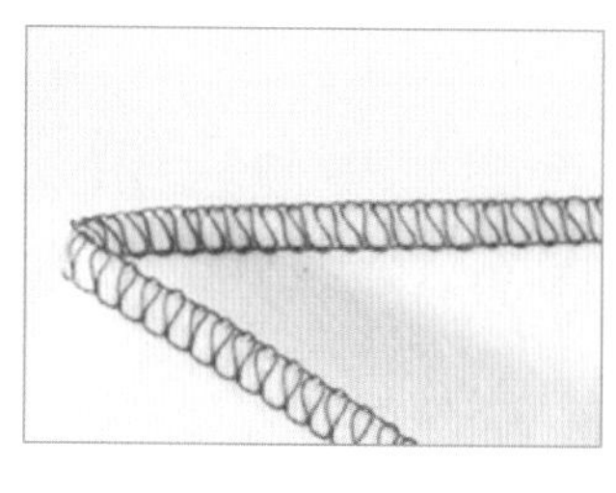
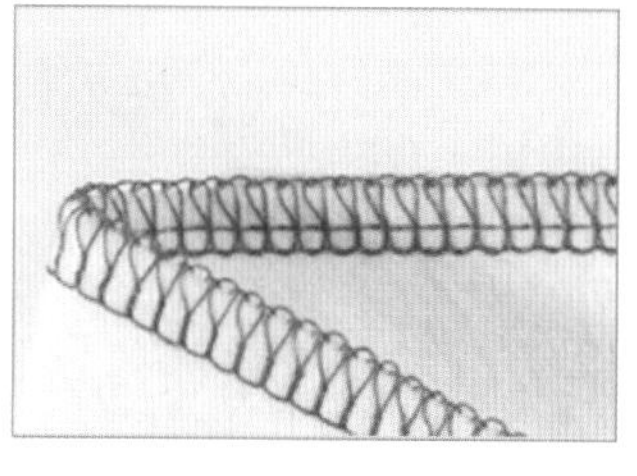
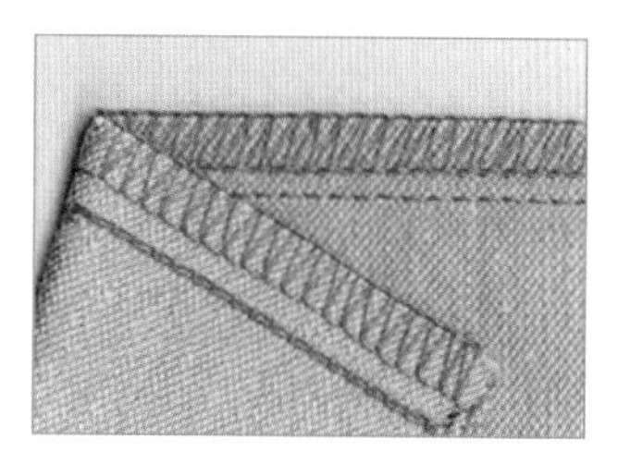

（a）三线包缝　（b）四线包缝　（c）五线包缝

图 4－1－9　包缝缝迹

（2）卷边缝：有卷宽边与卷窄边之分，卷宽边多用于上衣袖口、下摆底边和裤脚口边等；卷窄边则多用于衬衫圆摆底边、裤脚口边及童装衣边等。

（3）来去缝：适用于由薄软面料制成的袖套、睡衣、内裤、衬衣等。

（4）明包缝：完成后正面有两道明线，反面有一道明线，主要用于男两用衫、夹克衫、牛仔裤等。

（5）暗包缝：完成后正面有一道明线，反面有两道明线，主要用于夹克衫、平脚裤等。

（6）滚边：也是一种装饰工艺，主要用于服装的领口、门襟、袖口等。

（7）内滚边：将滚条的正面与衣片的正面相对缝合，之后翻转滚条，正面看不到滚条，主要用于服装的领口、门襟、袖口等。

（8）密边：也叫密拷，细码边，实际是包缝线迹，针迹密、窄，用于服装的领口、下摆、袖口等。

知识拓展

袖套的装饰制作

1. 准备材料

（1）袖套宽 40cm，上长 12. 5cm，下长 12cm。

（2）花边长 40cm。

（3）松紧带长 22cm，宽 0. 5cm。

2. 计算用料

幅宽 146~148cm，两种拼色面料各 0.15m。

3. 制作过程

袖套的制作过程如图 4－1－10 所示。

(1) 拆烫袖套口，先折烫 0.5cm，再折烫 1cm [见图 4－1－10 (a)]。

(2) 标记袖套上片松紧带位置 [见图 4－1－10 (b)]。

(3) 在离下布边 1cm 处缝制花边，缝份宽度为 0.1cm，用来去缝合制袖套上下片 [见图 4－1－10 (c)]。

(4) 安装袖套上片松紧带，在松紧带中间缝一道线 [见图 4－1－10 (d)]。

(5) 用来去缝缝制袖套底缝 [见图 4－1－10 (e)]。

(6) 用卷边缝缝制袖套上口，卷边宽度为 0.2cm [见图 4－1－10 (f)]。

(7) 在袖套口安装松紧带，缝份宽度为 1cm [见图 4－1－10 (g)]。

袖套成品如图 4－1－10 的 (h) 所示。

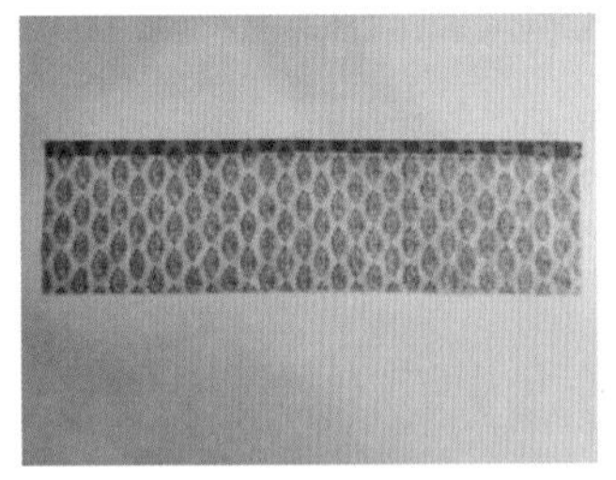

(a) 折烫袖套口

(b) 标记袖套上半部分松紧带位置

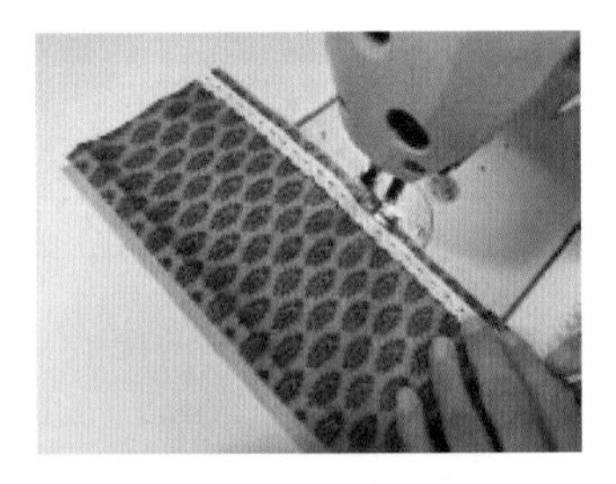

(c) 缝制花边，缝合上下片

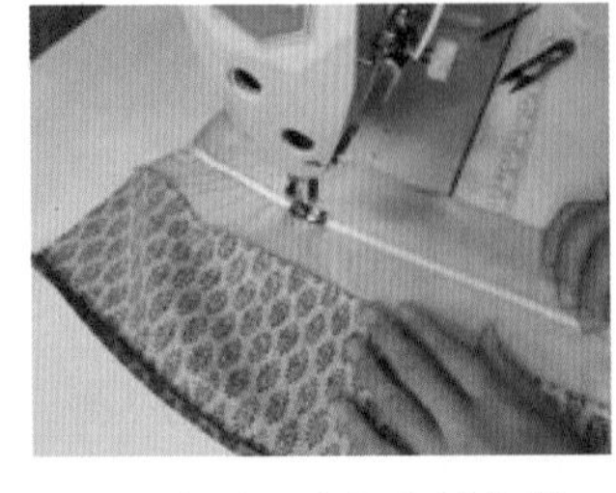

(d) 安装上半部分松紧带

(e) 缝制袖套底缝

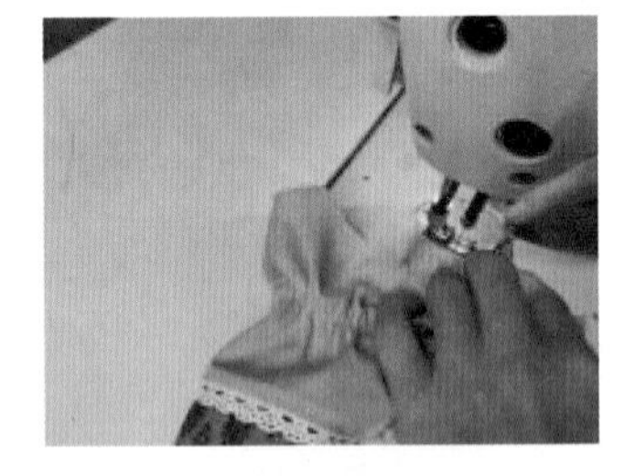

(f) 缝制袖套上口

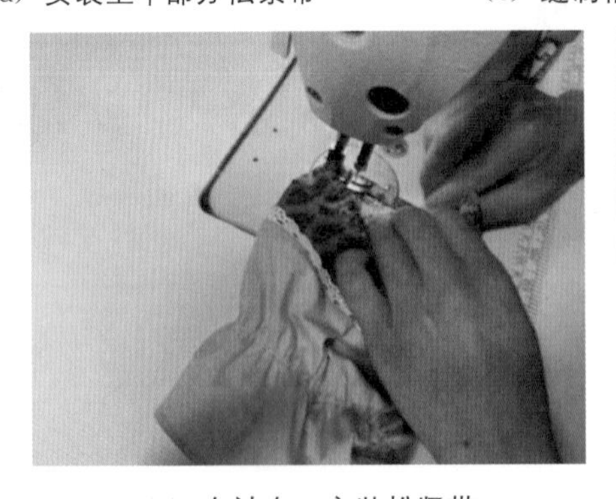

(g) 在袖套口安装松紧带

(h) 成品

图 4－1－10 袖套的制作过程

练一练

试制一款袖套（款式、规格不限），要求：

（1）自绘款式图线稿或款式图片。

（2）试编制工艺单。

（3）利用所学来去缝、卷边缝缝型与工艺要求进行缝制、检验。

（4）参与项目展评活动，记录产品工艺流程并讨论交流。

任务二　围裙的缝制

围裙的缝制 1

围裙是我们居家生活的必备用品，在餐厨作业时套在衣物外面，以防止衣物被弄脏、弄湿。此外，样式美观的围裙跟好看的衣服一样，能带给我们好的心情。围裙有宽大的侧贴口袋，便于收纳一些小物品；有可调节的腰带，不同身材的人都可以使用；有肩带，便于穿着；面料舒适，四季皆可穿。本任务是在学会了来去缝、卷边缝的基础上进行，重点是贴袋、贴边工艺的学习。

活动一　识读工艺单

表 4－2－1　围裙缝制工艺单

<table>
<tr><td>款式名称</td><td>围裙</td><td>款号</td><td>SS/C01－4</td><td colspan="2">完成人签字</td><td colspan="2"></td></tr>
<tr><td colspan="3">款式图</td><td colspan="5">成品规格尺寸表　　（单位：cm）</td></tr>
<tr><td colspan="3" rowspan="4">正面款式图　　贴袋细节图</td><td>围裙总长</td><td colspan="2">围裙下宽</td><td>前胸宽</td><td>腰带位</td></tr>
<tr><td>76</td><td colspan="2">81</td><td>26</td><td>25</td></tr>
<tr><td colspan="5">工艺说明及技术要求</td></tr>
<tr><td colspan="5">1. 针距要求：11～14 针/3cm；
2. 缝型要求：平缝、卷边缝；
3. 技术要求：贴袋、贴边；
4. 缉线要求：直线顺直；面、底线松紧一致；缉线平整、宽窄一致，无断针、跳针、脱线等问题；
5. 肩带缝制牢固。</td></tr>
<tr><td>造型特征描述</td><td colspan="2">外观要求</td><td colspan="2">面料</td><td colspan="3">辅料与配件</td></tr>
<tr><td>肩带式围裙，腰间系带，前胸处贴边，前左右两侧贴袋</td><td colspan="2">表面整洁、平服，色泽均匀一致，无疵点、破损；无线头、烫黄、亮光；肩带左右一致</td><td colspan="2">1. 成分：混纺；
2. 幅宽：144～148cm；
3. 织物组织：斜纹；
4. 用量：1.3m，其中主色面料 0.8m，配色面料 0.5m</td><td colspan="3">1. 涤纶线：40S/2，与面料同色；
2. 粘合衬：无纺衬；
3. 用量：0.1m；
4. 机针：11 号</td></tr>
</table>

活动二　裁剪面料

围裙的裁剪工序分为排料和裁片。学生使用提供的围裙样板或自制样板进行裁剪，裁片尺寸与数量必须与围裙缝制工艺单和自制样板相符，各裁片纱向、各部位剪口与必须样板一致。具体工序及要求如表 4－2－2 所示。

表 4－2－2　围裙裁剪工序及要求

序号	工序	工艺操作方法	质量标准
1	排料	（1）识别面料幅宽和面料正反面； （2）平铺面料，样板按纱向所示方向摆正	（1）面料正反面识别准确； （2）裁片经纬纱向正确
2	裁片	（1）样板划样，做好肩带、腰带、贴袋部位标记（见图 4－2－1）。 （2）裁剪布片： 面料 A：前片 1 片，尺寸为 78cm×83cm；肩带袢 1 片，尺寸为 17cm×10cm；腰带 2 片，尺寸为 47cm×6cm；前胸处贴边 1 片，尺寸为 18cm×5.5cm；贴袋 2 片，尺寸为 20cm×18cm。 面料 B：贴袋口贴边 2 片，尺寸为 20cm×18cm；肩带 2 片，尺寸为 62cm×10cm。	（1）裁片数量准确、标记完整； （2）裁片尺寸准确； （3）合理节约用料

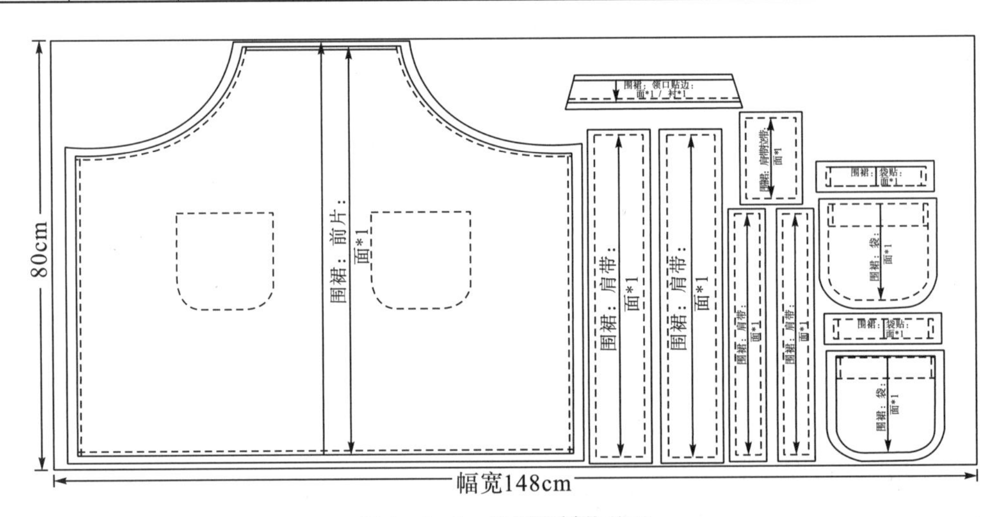

图 4－2－1　围裙排料裁剪图

活动三　缝制围裙

缝制围裙共有 4 道工序，分别为扣烫部件、缝制部件、安装部件、缝制裙身。缝制过程中要求缉线顺直、牢固，面、底线松紧适宜，无跳线、断线，起落针应有回针；成品应整洁、平服，不得含有金属针。

1. 扣烫部件

（1）扣烫腰带：将腰带的工艺样板放在面料反面上，沿工艺样板两边净边向中间扣烫 1cm 缝份，取出工艺样板，对折腰带，熨烫平整（见图 4－2－2）。

(a) 沿工艺样板净边扣烫腰带

(b) 对折腰带，熨烫平整

图 4−2−2　扣烫腰带

(2) 扣烫肩带：肩带的熨烫工艺同腰带熨烫工艺（见图 4−2−3）。

(a) 沿工艺样板净边扣烫肩带

(b) 对折肩带，熨烫平整

图 4−2−3　扣烫肩带

(3) 扣烫贴袋贴边：将贴边的工艺样板放在面料反面上，由两边向中间扣烫 1cm 的缝份，取出工艺样板（见图 4−2−4）。

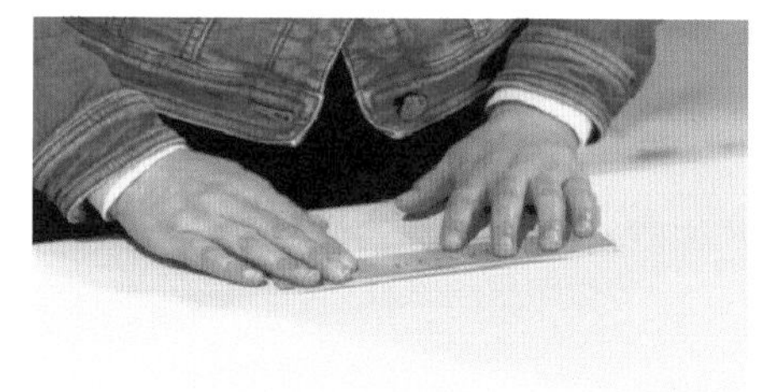

(a) 放置工艺样板

(b) 扣烫贴袋贴边

图 4−2−4　扣烫贴袋贴边

(4) 扣烫肩带拉条（见图 4−2−5）。

(a) 沿工艺样板净边扣烫肩带拉条

(b) 对折肩带拉条，熨烫平整

图 4−2−5　扣烫肩带拉条

2. 缝制部件

围裙的缝制 2

（1）缝制贴袋贴边（见图 4－2－6）。

①将贴边的正面与贴袋上口的反面对齐，缝份宽度为 1cm，起止针处倒针。

②将贴边翻至正面，两边缉线，缝份宽度为 0.1cm，上口止口不反吐。

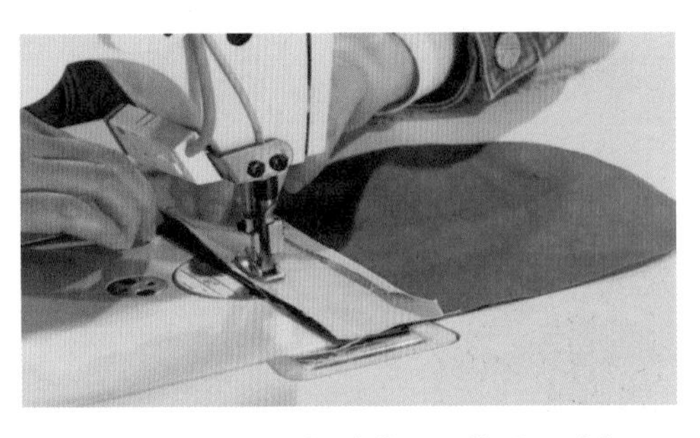

（a）贴边的正面与贴袋上口的反面对齐

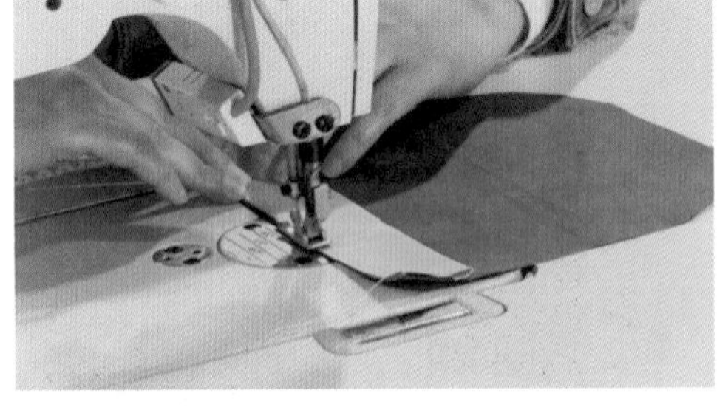

（b）贴边翻至正面，两边缉线 0.1cm

图 4－2－6 缝制贴袋贴边

（2）缝制腰带：腰带一端折光，三边缉线，缝份宽度为 0.1cm（见图 4－2－7）。

（a）腰带一端折光

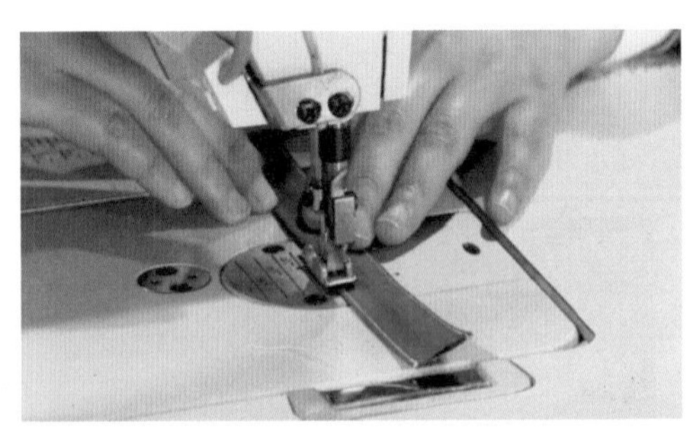

（b）腰带三边缉线 0.1cm

图 4－2－7 缝制腰带

（3）缝制肩带（见图 4－2－8）。

①肩带拉条两侧缉线，缝份宽度为 0.1cm。

②按照剪口位置，将肩带拉条固定在肩带上。

③肩带两侧缉线，缝份宽度为 0.1cm，起止针处倒针。

（a）肩带拉条两侧缉线

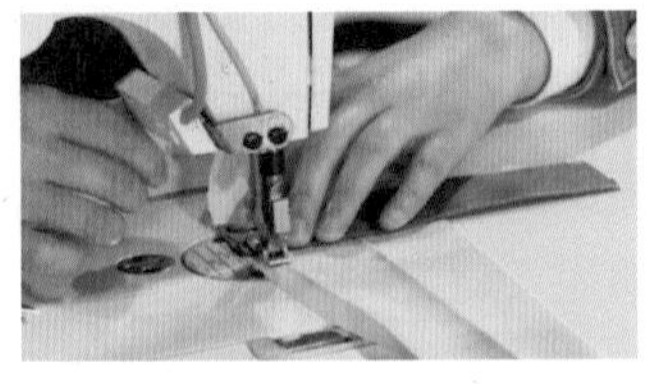

（b）固定肩带拉条

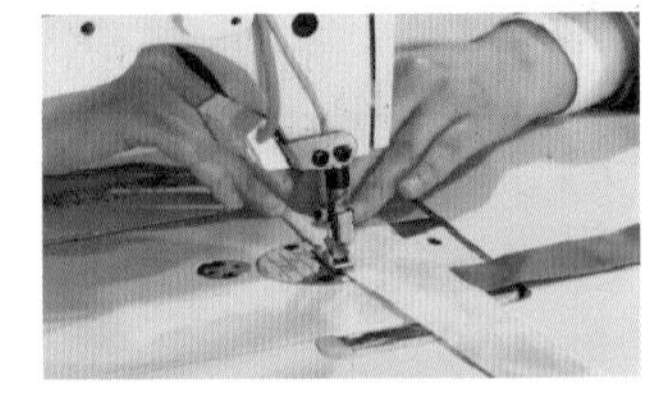

（c）肩带两侧缉线

图 4－2－8 缝制肩带

(4) 缝制前胸处贴边：贴边下口用卷边缝工艺缝制，缝份宽度为 0.5cm（见图 4—2—9）。

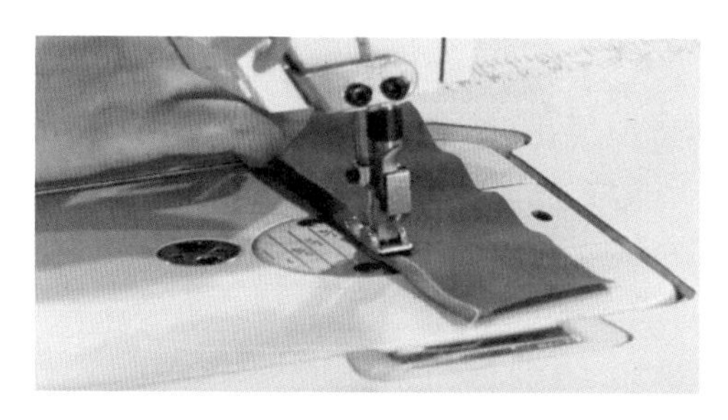

图 4—2—9　缝制前胸处贴边

(5) 对缝制好的贴袋、腰带、肩带、贴边部件进行定型熨烫（见图 4—2—10）。

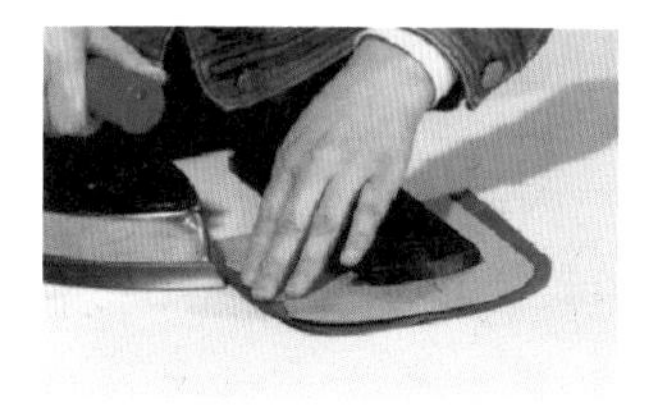

(c) 扣烫贴袋缝份与圆角

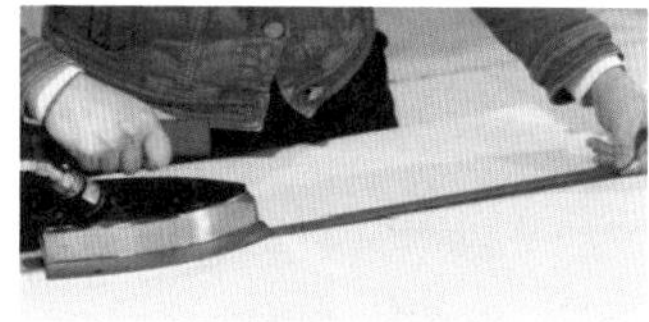

(b) 熨烫肩带

(c) 熨烫腰带

图 4—2—10　熨烫缝制好的贴袋、腰带、肩带

3. 安装部件

(1) 安装贴袋：将贴袋安放在围裙的袋位标记处，沿贴袋外止口缝 0.1cm 线，袋口处再缉 0.6cm 明线，加强供口牢固度（见图 4—2—11）。贴袋时注意袋口平服，吃势均匀。

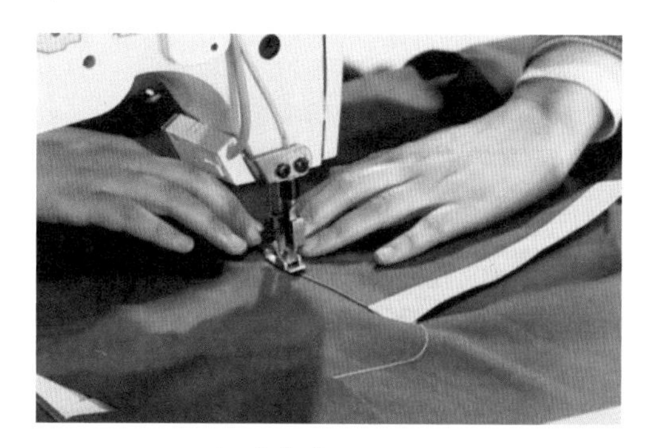

(a) 沿贴袋外止口缝一道线

(b) 袋口处缉 0.6cm 明线

图 4—2—11　安装贴袋

(2) 安装肩带：将缝制好的肩带按照剪口位置固定在围裙上口，缝份宽度为 0.5cm（见图 4—2—12）。

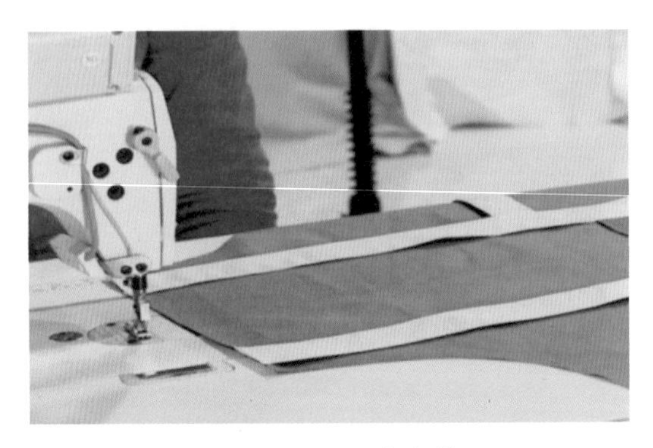

图 4—2—12 固定肩带

（3）安装前胸处贴边：将缝制好的贴边与前片上口正面对齐缝合，缝份宽度为 1cm，起止针处倒针；翻转至正面，沿上口正面缉 0.5cm 明线（见图 4—2—13）。

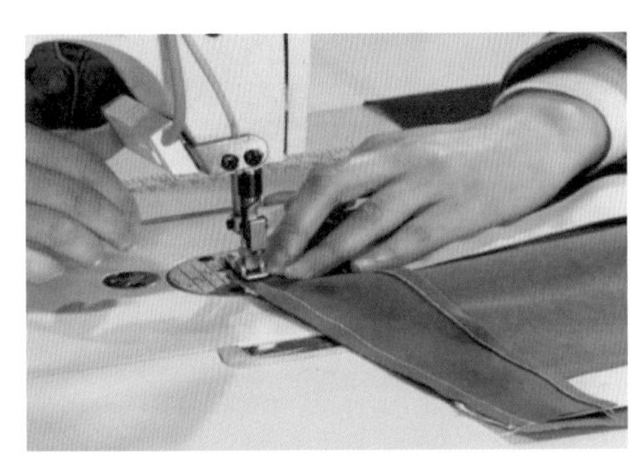

（a）贴边与前片上口正面对齐缝合

（b）沿上口正面缉 0.5cm 明线

图 4—2—13　安装前胸处贴边

（4）固定后侧肩带：将缝制好的肩带放平顺，按照剪口位置固定在围裙正面，缝份宽度为 0.5cm，起止针处倒针（见图 4—2—14）。

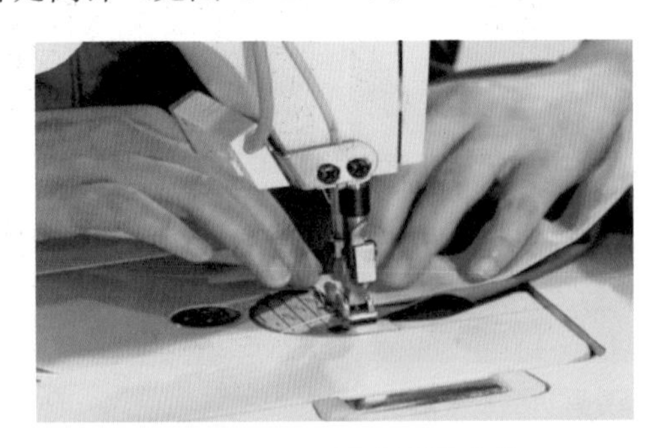

图 4—2—14　固定后侧肩带

4. 缝制裙身

（1）围裙腰侧弧线卷边：缝份宽度为 0.5cm，起止针处打倒回针（见图 4—2—15）。

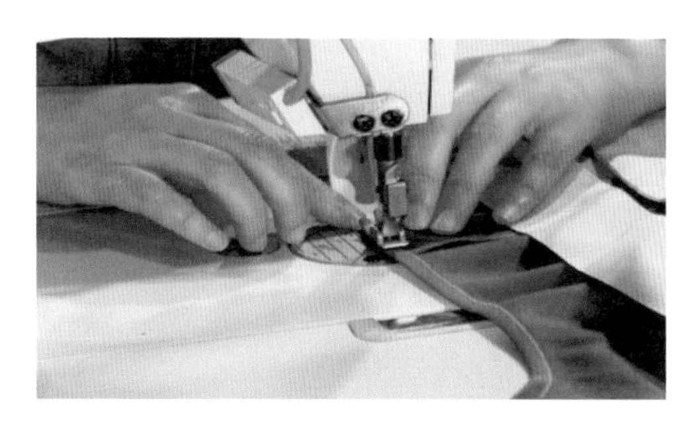

图 4—2—15　围裙腰侧弧线卷边

（2）加固肩带：在肩带与腰侧连接处缉 0.1cm 宽线（见图 4—2—16）。

（3）固定腰带：将腰带按照剪口位置固定在围裙侧缝处，车缝宽度为 0.5cm，起止针处打倒回针，见图 4—2—17。

图 4—2—16　加固肩带

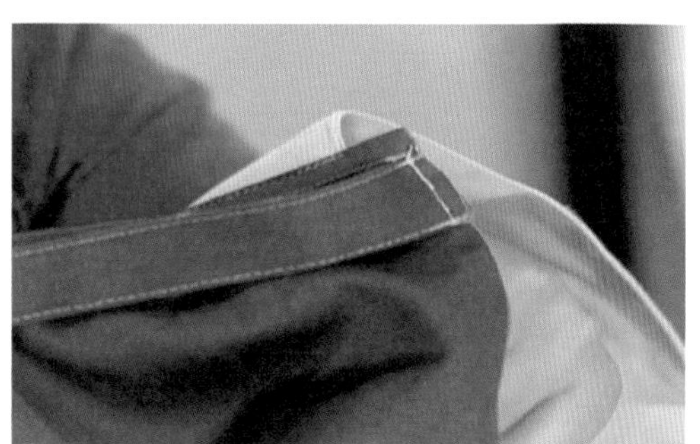

图 4—2—17　固定腰带

（4）侧缝下摆卷边：围裙侧缝下摆卷边，卷边缝宽度为 0.5cm，起止针处倒针（见图 4—2—18）。

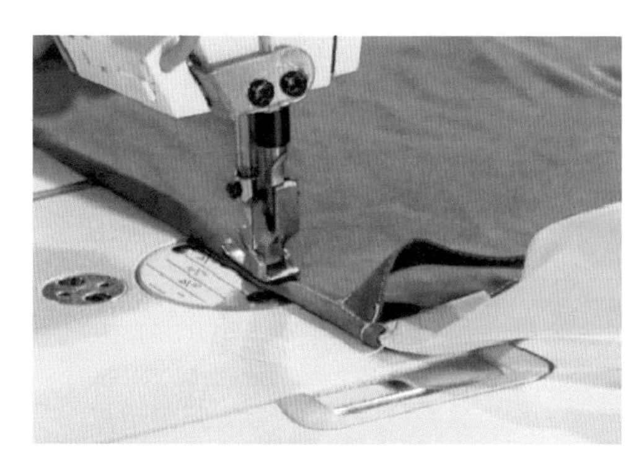

（a）侧缝卷边

（b）下摆卷边

图 4—2—18　侧缝下摆卷边

（5）二次加固腰带：将腰带放平，二次加固腰带，缉 0.1cm 宽线，起止针处倒针（见图 4—2—19）。

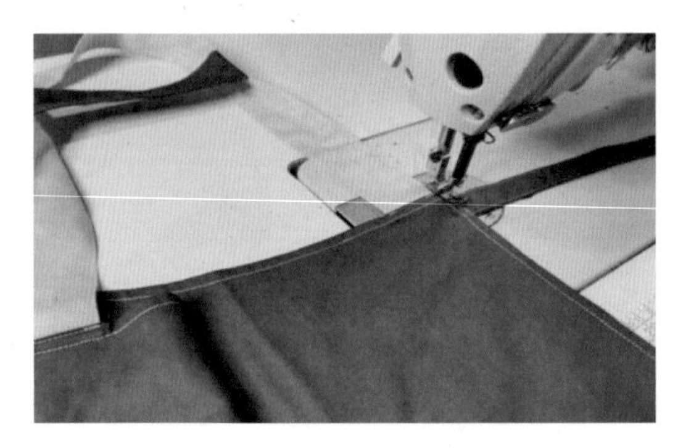

图 4−2−19　二次加固腰带

活动四　成品整烫

围裙整烫方法及要求如表 4−2−3 所示。

表 4−2−3　围裙整烫方法及要求

序号	项 目	具 体 要 求
1	安全操作	通电之前，检查熨斗电线、胶管是否完好，防止漏电；不使用熨斗时，关闭熨斗电源，将熨斗放置在搁板上；人离开时，拔下电源插头
2	温度设定	根据所用面料设定熨斗温度。混纺织物耐热度为 130～150℃
3	成品熨烫要求	平整、无皱褶，无烫黄、无极光

活动五　检验成品

参照福州原味生活贸易有限公司发布企业标准《围裙、袖套》（Q/FZYW009−2019），围裙成品的检验如表 4−2−4 所示工序和要求执行。

表 4−2−4　围裙检验工序及方法要求

序号	工序	检验方法与要求
1	外观质量	外形应端正，无畸形或破损；表面应清洁，花色图案美观大方；缝纫针迹应均直，无漏针、跳针、浮针；贴边、包边、卷边应整齐，无毛茬
2	纱向检验	目测围裙成品的丝绺是否与工艺单和样板要求一致
3	色差检验	目测围裙是否有色花、色差
4	缝制检验	针迹均匀、顺直、牢固，平缝、卷边缝、贴袋平服齐直、宽窄一致，不露毛茬；起止回针≥3 道，针密度为 11～14 针/3cm
5	规格测量	测量围裙成品的长度、宽度是否在允许的公差范围内；检查工具使用钢尺，围裙长和宽偏差±2cm
6	修剪检验	检查成品的线头是否修剪干净
7	整烫检验	检查成品整烫是否平服，无极光、无水渍、无烫黄、无污渍

问题探究

贴袋有些什么样的造型呢?

贴袋是在服装表面直接用车缉或手缝袋布做成的口袋，是服装的主要部件之一，既具有实用性，也具有较强的装作用。贴袋的造型通常有明缉线贴袋、暗缉线贴袋和立体贴袋（见图 4−2−20）。其形状除了长方形、正方形之外，还有椭圆形、三角形、圆形，或者像牛仔裤后袋那样上方下尖的五边形，等等。

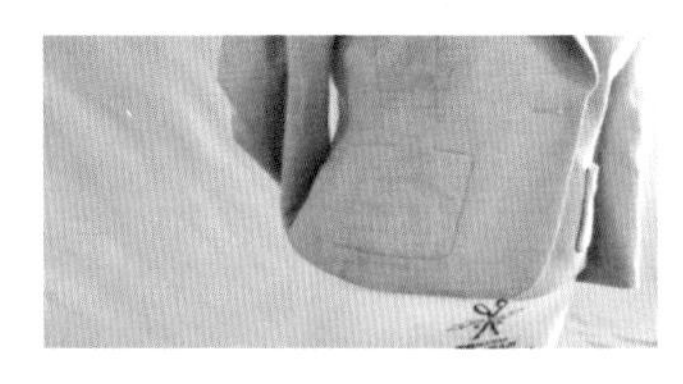
(a) 暗缉线贴袋

(b) 明缉线贴袋

(c) 立体贴袋

图 4−2−20　贴袋的造型

知识拓展

滚边工艺的制作

1. 材料准备

(1) 面布 1 片、袋布 1 片；

(2) 长度按所需周长，宽度为 3.5cm 的 45°角斜条。

注：滚边成品宽度为 0.8cm。

2. 制作过程

(1) 扣烫斜条：用熨斗沿边扣烫 0.7cm 宽。

(2) 直角滚边：滚边布与面料正面相对，缝边对齐，沿画线缝合暗线，缝边宽度为 0.7cm。

(3) 圆角滚边：缝边对齐，沿画线缝合暗线，缝边宽度为 0.7cm。

(4) 拼接斜条：斜条正面对齐斜向拼合，缝份宽度为 0.3~0.5cm，分缝熨烫。

(5) 正面缉线：翻到正面，沿正面扣烫边缉线，缝份宽度为 0.15cm。

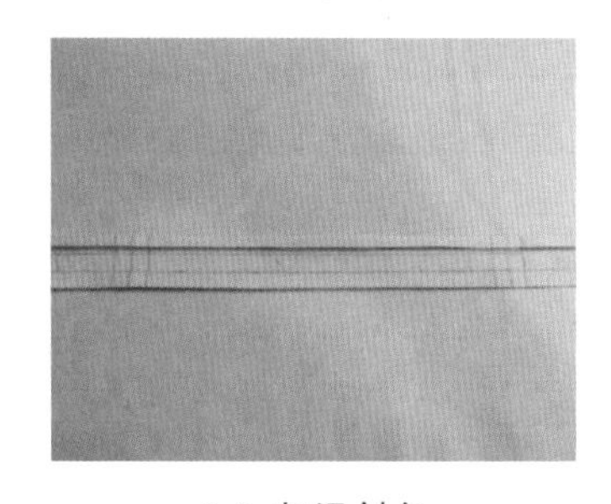
(a) 扣烫斜条

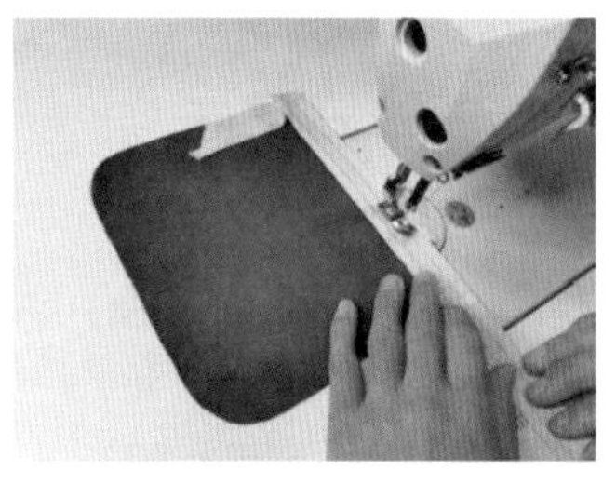
(b) 直角滚边

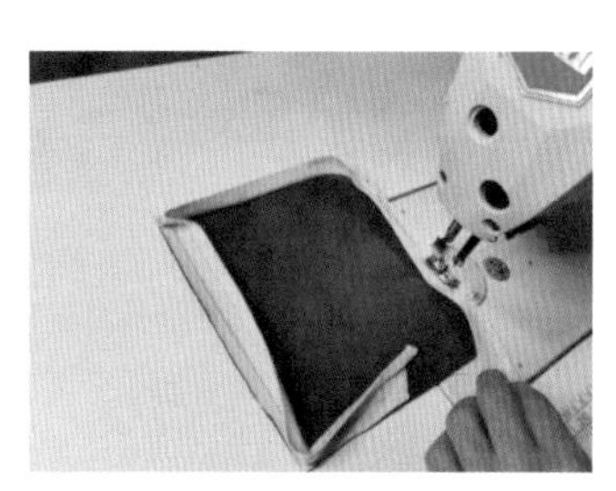
(c) 圆角滚边

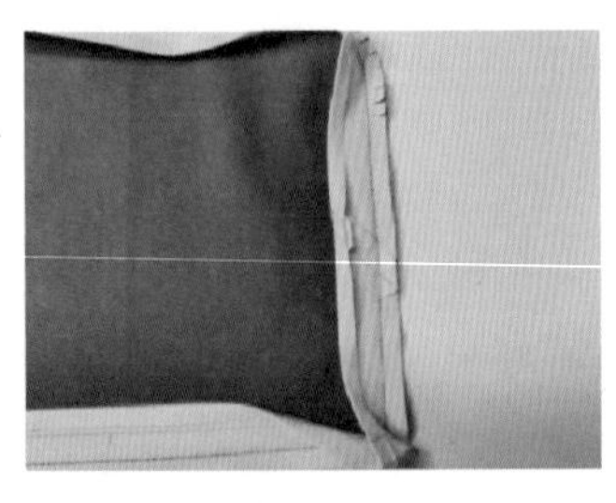

（d）拼接斜条

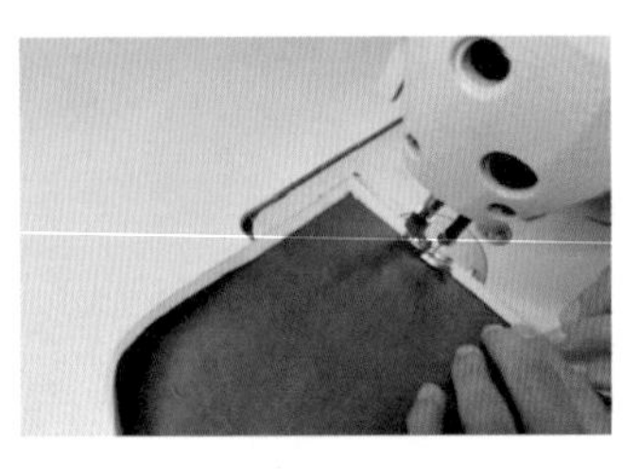

（e）正面缉线

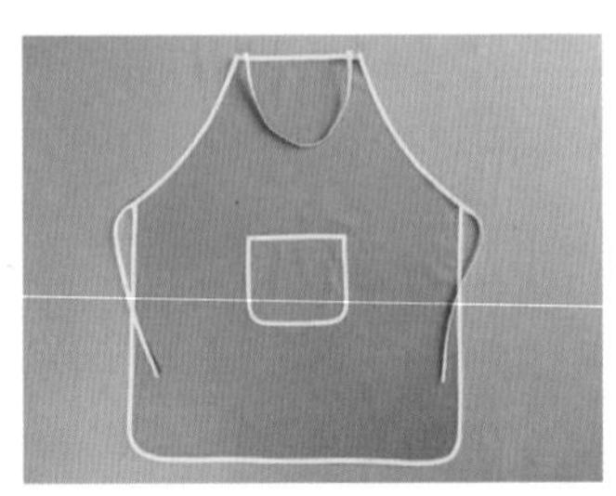

（f）完成图

图 4-2-21　滚边工艺的制作

练一练

试制一款围裙，要求：

（1）自绘款式图线稿或款式图片。

（2）试编制工艺单。

（3）应用所学贴袋、贴边工艺的操作方法与质量要求进行缝制、检验。

（4）参与项目展评活动，记录围裙工艺流程并讨论交流。

项目学习评价表

评价项目	评价内容	分值	自我评价	小组评价	教师评价	得分
岗位素养（10 分）	1. 完成当日指定工作任务	2				
	2. 按规定质量标准完成指定工序的缝制后，再进行下一道工序	3				
	3. 对不合格产品必须按质量标准及时返工	3				
	4. 负责个人机台及工位卫生的日常维护，并在工作结束后关掉电源开关	2				
劳动教育（25 分）	1. 遵守教学实践环节劳动纪律，不迟到、不早退、不旷工	10				
	2. 遵守实训室的规章制度、安全操作规范要求	3				
	3. 尊重师长；爱护实训室设施设备；爱护他人劳动成果，不随意破坏	2				
	4. 完成每日或每周的组内实训室劳动任务	10				

续表

评价项目	评价内容	分值	自我评价	小组评价	教师评价	得分
专业能力（40 分）	1. 能试编制工艺单，会识别材料，能按工艺单要求备料、缝制	5				
	2. 能按裁剪质量标准、裁剪步骤进行面料裁剪，面料裁剪数量、纱向无误，合理节约用料	5				
	3. 能识读工艺步骤图解，按工序、半成品质量要求进行缝制	15				
	4. 能按熨烫安全操作规范、操作步骤及方法要求进行成品整烫	5				
	5. 会按检验步骤及方法要求进行袖套、围裙成品检验，且缝制的产品质量合格	10				
写作能力（10 分）	完成项目体验与总结	10				
创新能力（15 分）	1. 能运用来去缝、卷边缝、贴边、贴袋、滚边工艺进行款式拓展练习，完成款式资料收集、产品制作	10				
	2. 能对作品进行描述、展示。	5				
项目体验与总结	不足之处					
	改进措施					
	收获					
总 分						

项目五　布艺包袋的缝制工艺

项目描述

2007 年 12 月 31 日《国务院办公厅关于限制生产销售使用塑料购物袋的通知》发布后，人们的环保意识进一步增强，布艺包袋逐渐走进人们的日常生活。在融合了背包、挎包、手袋等时尚元素，吸收了手绘、刺绣、丝网印花等工艺后，布艺包袋的款式日趋丰富。其使用的主要材料有棉布、麻布、棉麻混纺、帆布、尼龙布等，这些材料都是可降解的材料，所制成品柔软、便于携带。本章将重点介绍布艺挎包和抽绳袋的制作方法。

项目目标

1. 知识目标

（1）能按产品特征、要求编制工艺单，能按工艺单要求制作成品。

（2）掌握已学基础缝型的应用场合。

（3）掌握挖袋工艺的基本要领和技巧。

（4）掌握布艺挎包、抽绳袋的产品工艺流程。

2. 技能目标

（1）能使用所提供样板或自制样板进行布艺挎包、抽绳袋的裁剪。

（2）掌握明拉链、挖袋工艺，能独立制作布艺挎包、抽绳袋。

（3）会按产品质量标准检验成品质量，标示出不合格部位，并能对不合格的部位进行修正。

3. 素质目标

（1）树立环保意识——“绿水青山就是金山银山”。

（2）树立正确的产品质量意识和岗位主人翁意识。

项目分析

本项目将已学基础缝型组合，结合服装零部件袋的工艺，运用到布艺挎包、抽绳袋的产品制作中，旨在让学生在项目实施过程中掌握工艺基础知识，学会内袋与挖袋的制作。布艺挎包、抽绳袋的工艺流程有识读工艺单、裁剪、缝制、熨烫、检验等步骤，缝制以平缝、卷边缝、三线包缝、装明拉链、单嵌线挖袋及滚边等工艺为主，要求外观内里均无毛边和线头。

设备准备：平缝机、包缝机、蒸汽熨斗。

工具准备：划粉、钢尺、软尺、高温记号消失笔、锥子、纱剪、裁缝剪刀。

项目实施

布艺挎包的缝制 1

任务一　布艺挎包的缝制

布艺挎包具有款式简洁，易携带，方便实用等特点。其用料应轻便，袋底一定要结实、牢固，肩带长度要适宜，使用的扣件要便于多次水洗，尺寸可按需求自定。

活动一　识读工艺单

布艺挎包缝制工艺单如表 5－1－1 所示。

表 5－1－1　布艺挎包缝制工艺单

款式名称	布艺挎包	款号	SS/B01－1	完成人签字		
款式图			成品规格尺寸表　（单位：cm）			
正面	细节		挎包长	挎包宽	侧厚	肩带长
			39	37	10	28
			工艺说明及技术要求			
			1. 针距要求：11～14 针/3cm； 2. 缝型要求：平缝、包缝、卷边缝、滚边； 3. 技术说明：内袋安装明拉链； 4. 缉线要求：直线顺直，面、底线松紧适宜，缉线宽窄一致，无断针、跳针、脱线等问题； 5. 其他：袋底、肩带缝制牢固			

续表

造型特征描述	外观要求	面料	辅料与配件
箱型挎包，正面一片，背面一片，侧面两片，袋口两条肩带，袋内设拉链袋一个	表面整洁、平服；肩带长短、宽窄一致，色泽均匀一致；无疵点、破损；无线头、烫黄、亮光	1. 成分：棉织物； 2. 纱支：10S； 3. 幅宽：146～148cm； 4. 织物组织：斜纹； 5. 用量：1m	1. 涤纶线：40S/2，与面料同色； 2. 内袋面料：纱支21S，用量0.35m； 3. 无纺衬：50g，用量0.1m； 4. 拉链：3号拉链；机针：14号

活动二　裁剪面料

布艺挎包的裁剪工序分为：样板检查、面料预缩、排料、划样、裁片。学生使用提供的挎包样板或自制的样板进行裁剪，裁片尺寸与数量与工艺单或与自定款式相符，各裁片纱向、各部位剪口与样板一致。具体工序及要求如表5－1－2所示。

表5－1－2　布艺挎包裁剪工序及要求

序号	工序	工艺操作方法	质量标准
1	样板检查	检查样板的款式、数量、规格是否与款式图（样品）相符	裁片规格要符合产品规格，零部件、衬等裁配准确
2	面料预缩	将面料反面朝上，用蒸汽熨斗给湿给热，让面料自然回缩，然后关闭熨斗蒸汽，熨烫平整	表面平服
3	排料	（1）识别面料的幅宽和正反面； （2）平铺面料，使反面朝上，样板按照纱向标示方向摆放，遵照排料原则，先大后小，大小片穿插，合理排料	排料紧密合理，裁片丝绺正确，数量准确，左右对称
4	划样	对准裁片样板把外轮廓及定位标记画在布料上	缝制标记准确
5	裁片	（1）裁剪布片： ①面料A：袋布1片，袋侧布2片，袋口贴2片，背带2片； ②面料B：大袋布1片，小袋布1片； ③无纺衬：袋布衬2片，侧布衬2片。 （2）对准画线裁剪，对位剪口不能超过0.5cm	（1）裁片数量准确、标记完整； （2）裁片尺寸准确； （3）合理用料

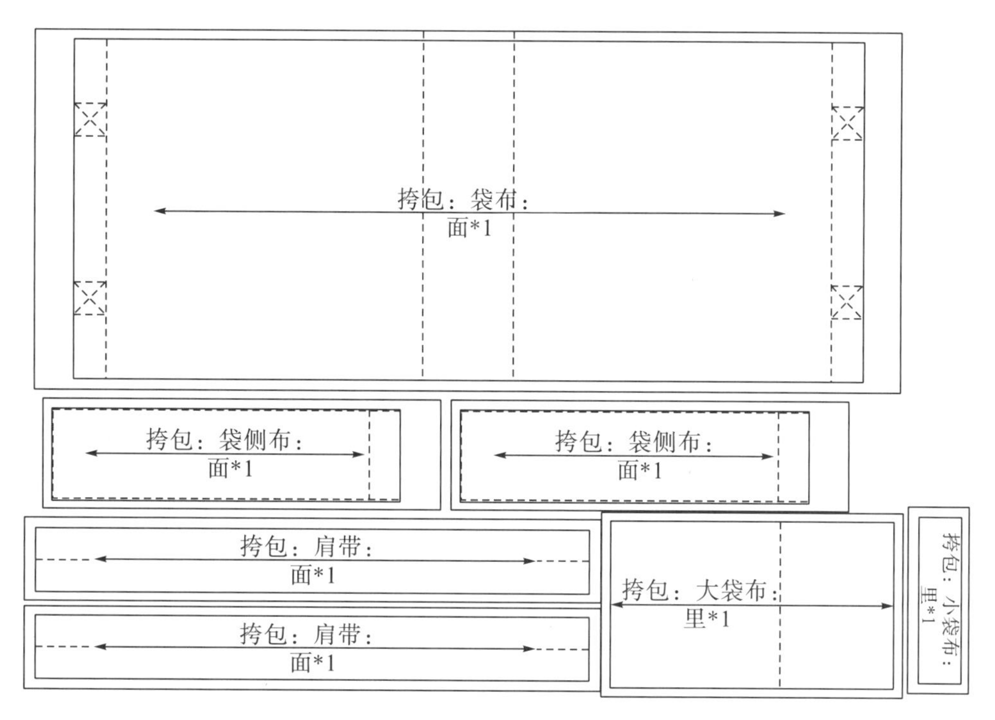

图 5－1－1　布艺挎包裁剪布片图

活动三　缝制前的熨烫

缝制前的熨烫是为缝制做准备，如缝口、部件预定型，烫粘合衬等。熨斗的温度和压力要和面料、辅料匹配。

1. 挎包袋口粘衬

将粘合衬与挎包袋口反面相对，用中温粘合无纺衬，粘合宽度 5cm（见图 5－1－2）。

图 5－1－2　挎包袋口粘衬

2. 扣烫挎包袋口

将工艺样板放在挎包袋口处，对齐对位标记，先扣烫 1cm 的缝份宽度，再扣烫 4cm 的袋口折边（见图 5－1－3）。袋侧布上口扣烫方法同袋口扣烫方法。

(a) 扣烫缝份

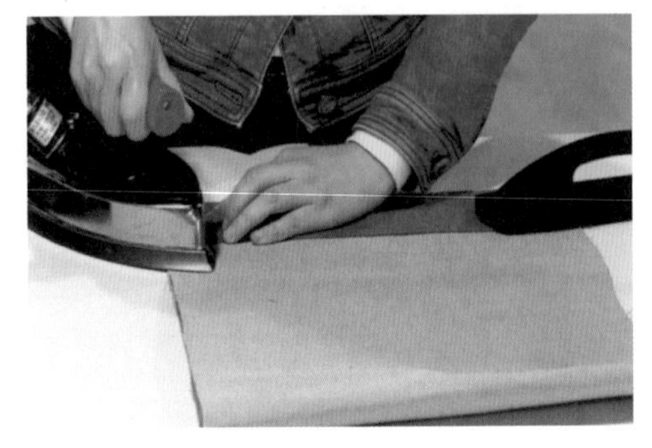

(b) 扣烫袋口折边

图 5—1—3　扣烫挎包袋口

3. 扣烫肩带

按工艺样板将肩带两侧处各扣烫 1cm 缝份，再将肩带对折熨烫平服（见图 5—1—4）。

(a) 扣烫肩带两侧

(b) 将肩带对折熨烫平服

图 5—1—4　扣烫肩带

活动四　缝制挎包

布艺挎包的缝制 2

缝制挎包共有 6 道工序，分别为缝制部件、安装部件、封袋口、加固肩带、中烫辑装饰明线。缝制过程中注意保持肩带长短、宽窄一致，袋底缝合牢固。

1. 缝制挎包部件

(1) 装内袋拉链：将拉链与袋布小片正面相对，使拉链在上，袋布在下，缝合拉链和袋布，缝份宽度为 1cm，在起止针处倒针；将拉链另一侧与袋布大片缝合；在缝合处锁边包缝（见图 5—1—5）。

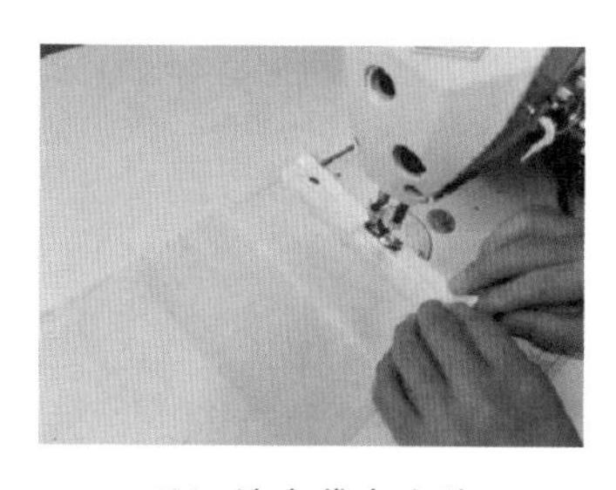

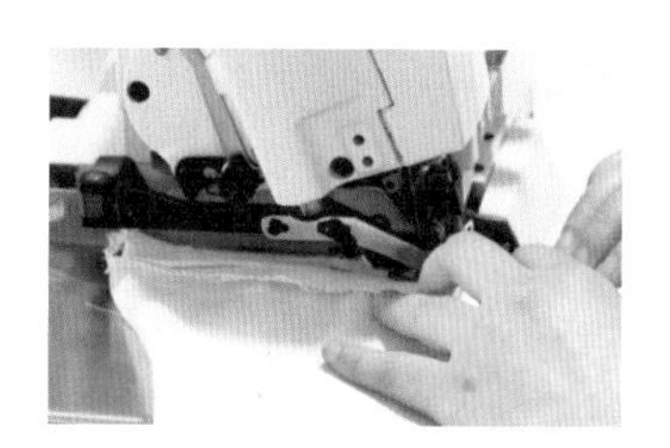

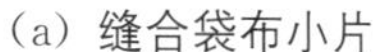

（a）缝合袋布小片　（b）缝合袋布大片　（c）锁边包缝

图 5－1－5　装内袋拉链

（2）缝制肩带：沿肩带两侧止口缉 0.1cm 明线，在起止针处倒针（见图 5－1－6）。

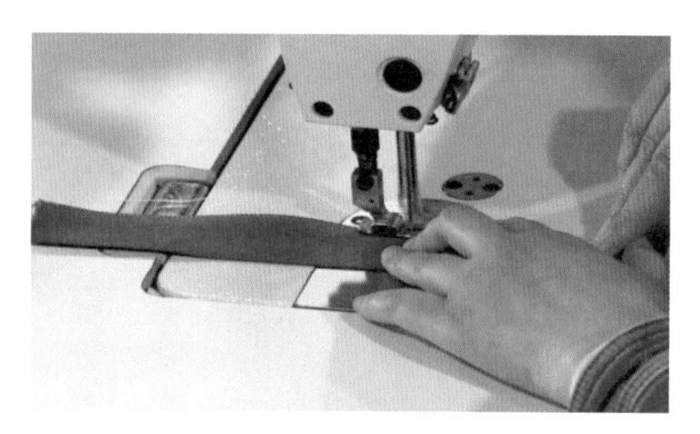

图 5－1－6　缝制肩带

2. 安装肩带、袋侧片、内袋

（1）安装肩带：将肩带对齐挎包袋口的剪口位置，缝合肩带和袋布，缝份宽度为 1cm，缝的时候要注意背带的方向，注意不要拧转肩带（见图 5－1－7）。

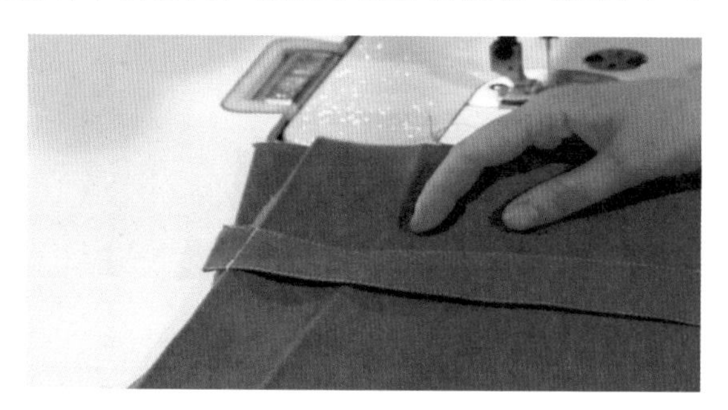

图 5－1－7　安装肩带

（2）安装袋侧片：将袋布和袋侧片正面相对，从袋口处开始缝合，缝份宽度为 1cm，在起止针处倒针；缝到转角处在袋布上打剪口，保证外观平服；在缝合处锁边包缝（见图 5－1－8）。

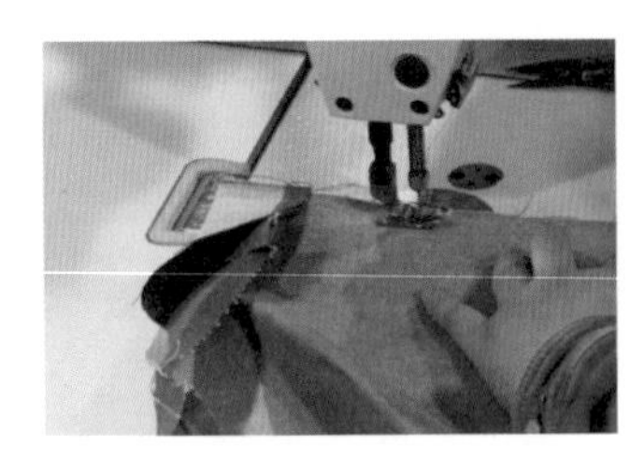

(a) 缝合袋侧片

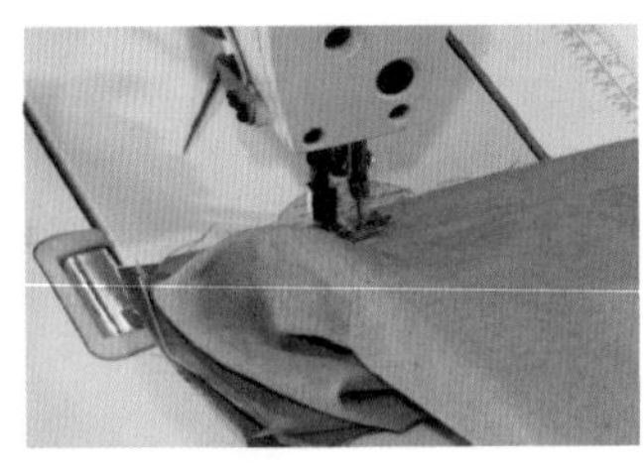

(b) 转角处打剪口

(c) 锁边包缝

图 5—1—8　安装袋侧片

(3) 安装内袋：翻转内袋，使其两侧正面相对，在袋侧两端缝 1cm 宽线；将内袋翻转至正面，并熨烫平整；标记挎包袋口与内袋袋口的中点，使内外袋正面相对，袋口对齐，缝合内外袋，缝份宽度为 1cm（见图 5—1—9）。

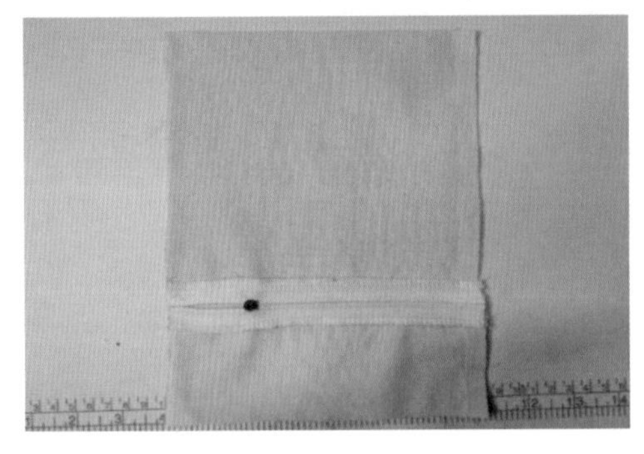

(a) 翻转内袋

(b) 内袋袋侧锁边

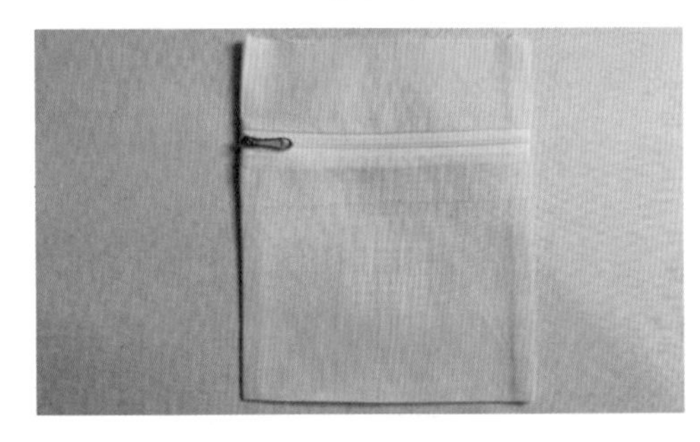

(c) 熨烫内袋

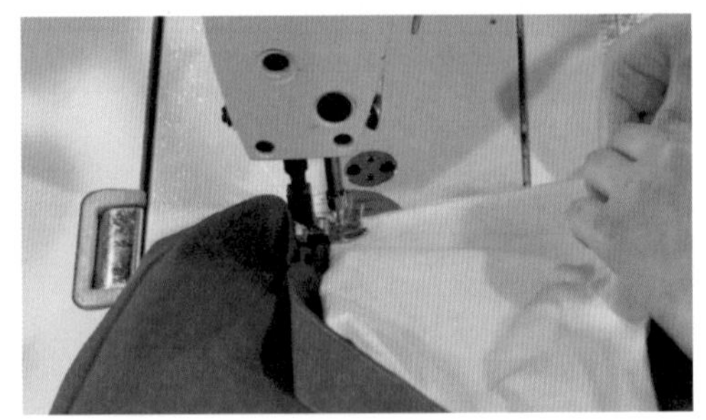

(d) 缝合内外袋

图 5—1—9　安装内袋

3. 封袋口

袋口向内翻折 4cm，在反面沿扣烫止口边缉 0.1cm 宽线（见图 5—1—10）。

4. 加固肩带

将背带与袋口重叠缝合，并缝交叉斜线，以加强缝口牢度（见图 5—1—11）。

图 5－1－10　封袋口

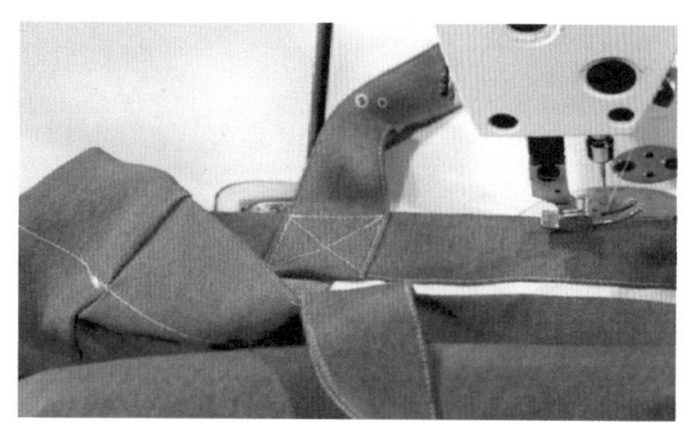

图 5－1－11　加固肩带

6. 中烫

先熨烫挎包内面袋侧、袋口，再将其翻至正面，熨烫袋口和袋侧出（见图 5－1－12）。

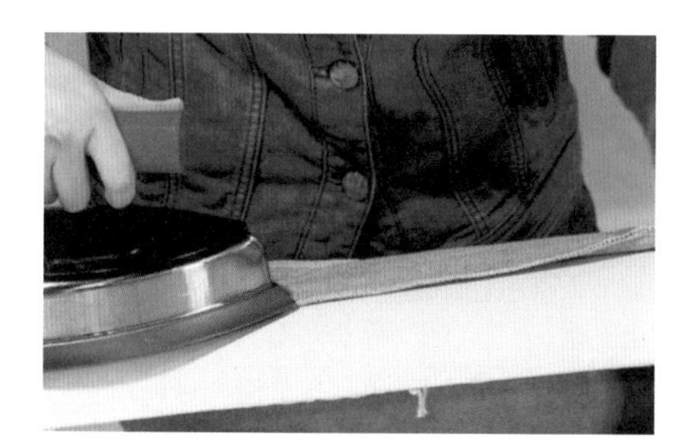

(a) 平烫侧缝

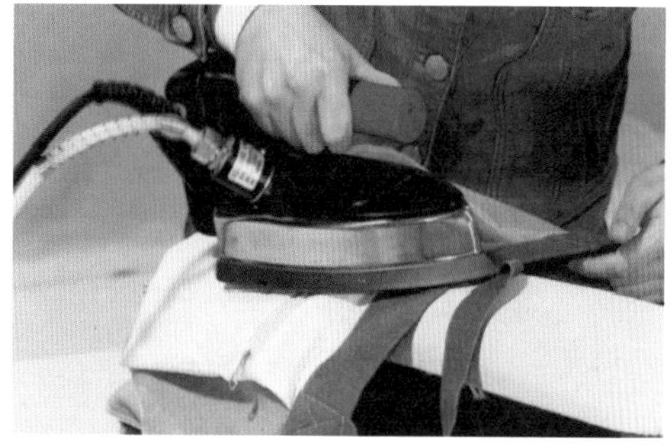

(b) 熨烫袋口

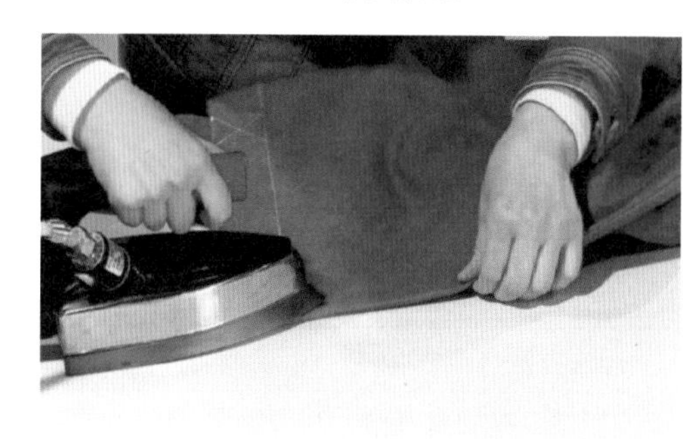

(c) 熨烫止口

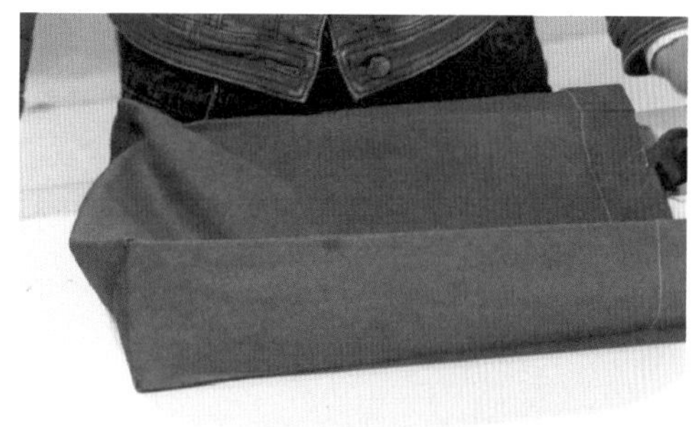

(d) 熨烫袋侧片

图 5－1－12　中烫

7. 袋侧缉装饰明线

在袋侧正面缉 0.2cm 装饰明线（见图 5－1－13）。

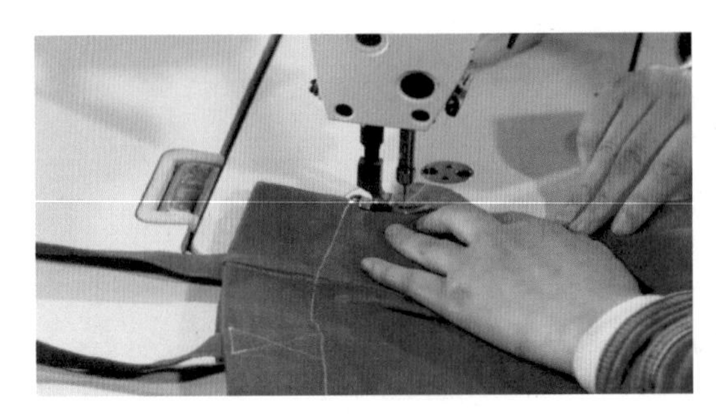

图 5－1－13　袋侧缉装饰明线

活动五　成品整烫

挎包整烫方法及要求如表 5－1－3 所示。

表 5－1－3　挎包整烫方法及要求

序号	项 目	具 体 要 求
1	熨烫工具选择	蒸汽熨斗
2	熨烫工艺操作方法与要求	（1）在熨烫棉织物时，一定要注意方法和控制温度，温度最好控制在160～180℃； （2）将背带、里袋、袋口熨烫平整； （3）将布艺挎包套在烫凳上熨烫袋身； （4）将布艺挎包整体熨烫平整
3	成品熨烫要求	侧缝缝型熨烫平顺，袋口熨烫无扭曲，背带熨烫平服，外观平整，无烫黄、无极光

活动六　检验成品

参照惠州市袋王包装有限公司企业标准《帆布袋》（Q/HZDW002－2020），挎包成品的检验如表 5－1－4 所示工序和要求执行。

表 5－1－4　布艺挎包检验工序及方法要求

序号	工序	检验方法与要求
1	外观质量	表面美观、均匀、平整，无有污渍、破损等瑕疵
2	内袋	拉链缝制平服、拉合顺滑；内袋制作平服，无毛漏
3	缝制检验	针迹均匀、顺直、牢固，无漏缝、不露毛茬；接针套正 5cm 以上重叠，起止回针≥3 道，针密度为 11～14 针/3cm
4	规格测量	测量挎包成品长度、宽度（不含肩带）是否在允许的公差范围内。检查工具使用钢尺，挎包长、宽规格偏差±2cm、侧厚偏差±0.5cm
5	修剪检验	检查成品的线头是否修剪干净，袋内的线头或杂物是否清理干净
6	整烫检验	平服，无极光、无水渍、无烫黄、无污渍

问题探究

包袋图案的装饰工艺有哪些呢？

（1）熨烫：可以直接通过熨烫的方式把图案烫在指定位置，容易操作，可自行完成。

（2）胶印：胶印是T恤、卫衣常用的装饰工艺，可将图案印在指定位置。

（3）数码热移印：数码热移印将传统的热转印技术和数码打印技术相结合，要求面料耐高温且含涤成分高，因生产周期长，一般用于大批量生产。

（4）数码直喷：数码直喷是处理图案很好的工艺手法，用数码直喷工艺制作的服装图案颜色饱和度高，图案表现也很好，但成本高，适用于高价位的服装。

（5）丝网印花：丝网印花是一种将丝网制成花版，印花时将花版覆于纺织品上，并在花版上加印花色浆，使花版图案在刮刀的挤压作用下转印到纺织品上的印花方法，该方法具有制版简单、图案不受限制、成本低廉等优点。

知识拓展

丝网印花

丝网印花操作步骤如图5—1—14所示。

（1）准备印刷材料：胶浆、色丁［见图5—1—14（a）］。

（2）调配色［见图5—1—14（b）］。

（3）摆放承印布片［见图5—1—14（c）］。

（4）压网框［见图5—1—14（d）］。

（5）第一次印刷：倒入印料，用刮板将其刮刷均匀，使图案印制到布片上［见图5—1—14（e）］。

（6）套印第二层图案［见图5—1—14（f）］。

（7）成品展示［见图5—1—14（g）］。

（a）准备印刷材料

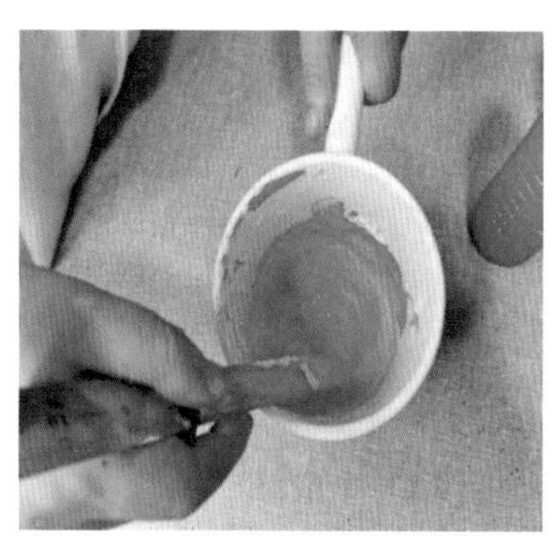
（b）调配色

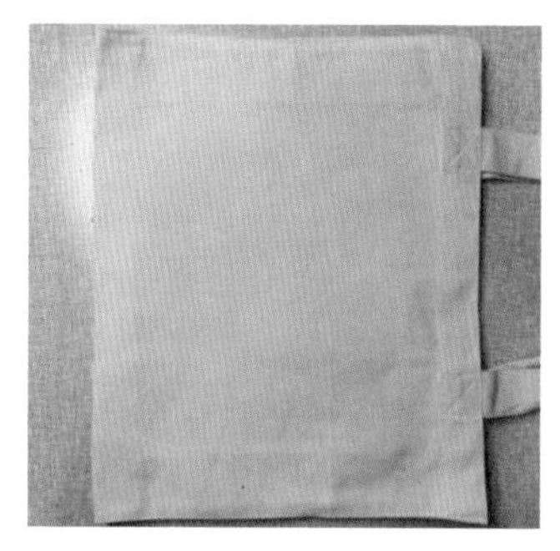
（c）摆放承印布片

（d）压网框

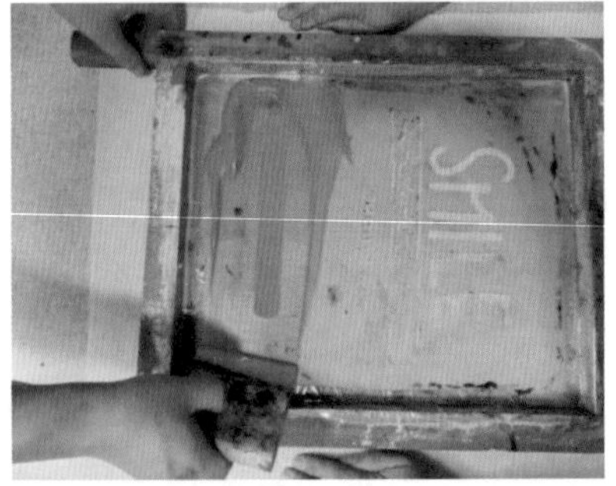

（e）第一次印刷

（f）套印第二层图案

（g）成品展示

图 5-1-14　丝网印花操作步骤

练一练

试制一款挎包，要求：

（1）自绘款式图线稿或款式图片（款式可自定）。

（2）编制工艺单。

（3）它用已学基础缝型、贴袋、拉链袋工艺等。

（4）不限定方法，对所缝制的挎包进行图案制作。

（5）参与项目展评和产品展示活动。

任务二　抽绳袋的缝制

抽绳袋的缝制 1

活动一　识读工艺单

抽绳袋缝制工艺单如表 5−2−1 所示。

表 5−2−1　抽绳袋缝制工艺单

<table>
<tr><td>款式名称</td><td>抽绳袋缝制</td><td>款号</td><td>SS/B01−2</td><td>完成人签字</td><td></td></tr>
<tr><td colspan="2">款式图</td><td colspan="4">成品规格尺寸表　　（单位：cm）</td></tr>
<tr><td rowspan="4">正面款式</td><td rowspan="4">细节图</td><td>袋长</td><td>袋宽</td><td>内袋长</td><td>内袋宽</td></tr>
<tr><td>42</td><td>35</td><td>20</td><td>18</td></tr>
<tr><td colspan="4">工艺说明及技术要求</td></tr>
<tr><td colspan="4">（1）针距要求：11～14 针/3cm；
（2）缝型要求：平缝、滚边、卷边缝、灌绳；
（3）技术说明：袋底封三角，里袋挖单嵌线袋；
（4）缉线要求：缝线平整，卷边宽窄一致，无断针、跳针、脱线等问题；
（5）抽绳均匀，灌绳无毛茬。</td></tr>
<tr><td>造型特征描述</td><td>外观要求</td><td colspan="2">面料</td><td colspan="2">辅料</td></tr>
<tr><td>一片式抽绳包，袋口灌绳，袋里设内袋一个</td><td>表面美观、平整，无漏缝、不露毛，无疵点、破损，无污渍，抽绳均匀</td><td colspan="2">1. 成分：棉；
2. 幅宽：146～148cm；
3. 织物组织：斜纹</td><td colspan="2">1. 涤纶线：40S/2，与面料同色；
2. 袋布：用量 0.45m；
3. 无纺衬：50g，用量 0.1m</td></tr>
</table>

活动二　裁剪面料

抽绳袋的裁剪工序分为：样板检查、面料预缩、排料、划样、裁片等。学生使用提供的抽绳袋样板或自制样板进行裁剪，裁片尺寸与数量应与工艺单一致。具体工序及要求见表 5−2−2。

表 5−2−2　抽绳袋裁剪工序及方法要求

序号	工序	工艺操作方法	质量标准
1	样板检查	检查样板的款式、数量、规格是否与款式图（样品）相符	裁片规格要符合产品规格，零部件、衬等裁配准确
2	面料预缩	面料反面朝上，用蒸汽熨斗给湿给热，让面料自然回缩，然后关闭熨斗蒸汽，熨烫平整	表面平服
3	排料	识别面料的幅宽和正反面，平铺面料，反面朝上，样板按照纱向标示方向摆放，合理排料	排料合理，数量准确

续表

序号	工序	工艺操作方法	质量标准
4	划样	对准裁片样板把外轮廓及定位标记画在布料上	缝制标记准确
5	裁片	裁剪布片（见图 5-2-1） ①面料 A：外袋袋布 1 片，内袋嵌线布 1 片，内袋垫袋布 1 片，绳袢布 2 片； ②面料 B：内袋袋布 1 片，斜条 3 条	(1) 裁片数量准确、标记完整； (2) 裁片尺寸准确； (3) 合理用料

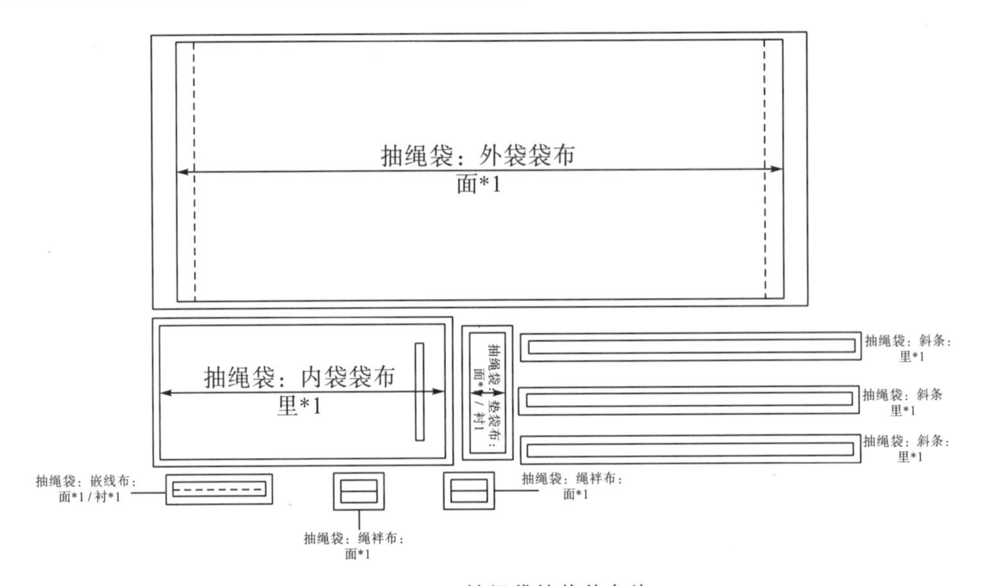

图 5-2-1　抽绳袋的裁剪布片

活动三　缝制抽绳袋

1. 缝制前的熨烫

(1) 扣烫袋口：将工艺样板放在袋口处，第一次扣烫 1cm 缝份，第二次扣烫 2.5cm 袋口折边，为使扣烫平整，可以使用压铁辅助（见图 5-2-2）。

(a) 扣烫缝份

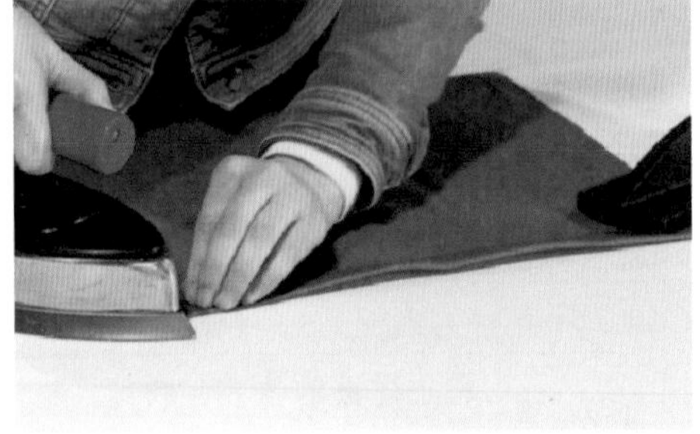

(b) 扣烫袋口折边

图 5-2-2　扣烫袋口

(2) 扣烫斜条：将工艺样板与斜条中心对齐，由斜条两侧向中间扣烫；取出工艺样板，将斜条对折熨烫平整（见图 5-2-3）。

（a）沿工艺样板两侧扣烫斜条

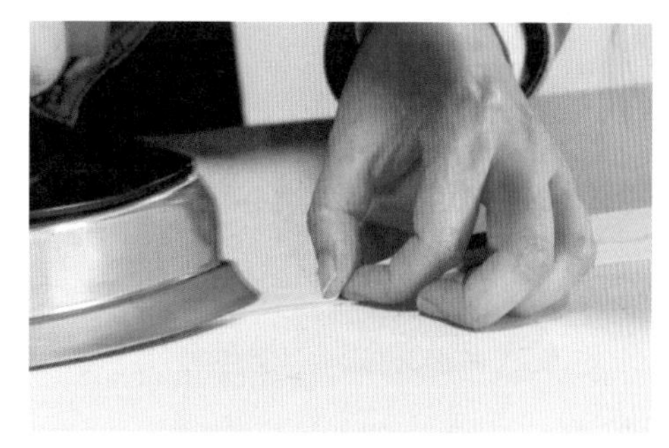

（b）对折熨烫斜条

图 5—2—3　扣烫斜条

（3）熨烫嵌线和垫袋布：在嵌线布背面粘衬，对折熨烫平整；在垫袋布背面粘衬，熨烫平整（见图 5—2—4）。

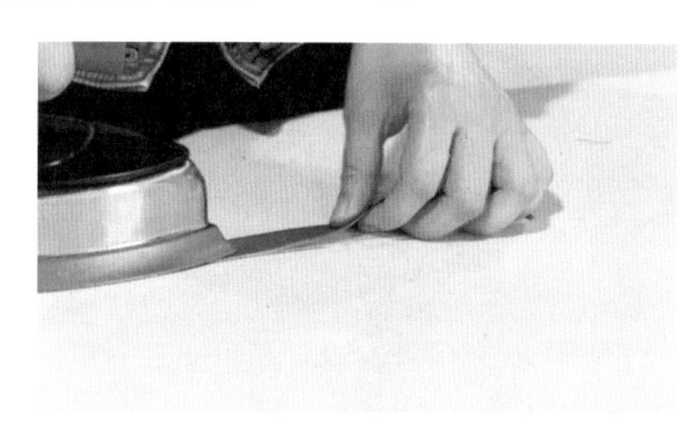

（a）折烫嵌线

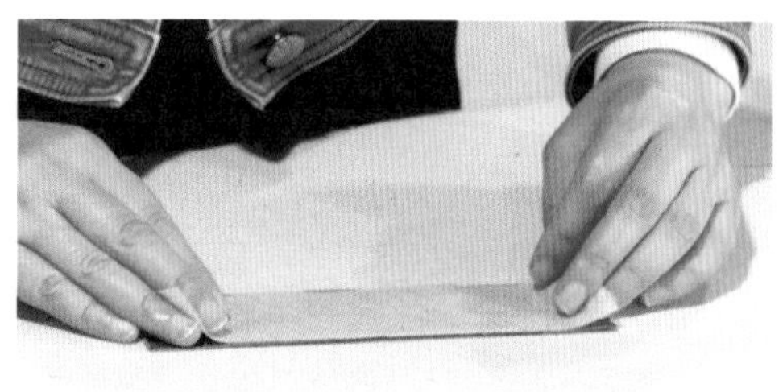

（b）在垫袋布背面粘衬

图 5—2—4　熨烫嵌线和垫袋布

（4）熨烫绳袢：将工艺样板和绳袢中心对齐，以绳袢两边向中间扣烫；取出工艺样板，将绳袢对折并熨烫平整（见图 5—2—5）。

（5）内袋袋布粘衬：在内袋开袋口处粘衬，熨烫平整（见图 5—2—6）。

图 5—2—5　扣烫绳袢

图 5—2—6　袋布粘衬

2. 缝制内袋（单嵌线袋）

（1）预缝嵌线：用划粉在嵌线布上画出 1cm 嵌线，沿画线位置平缝一道线（见图 5—2—7）。

抽绳袋的缝制 2

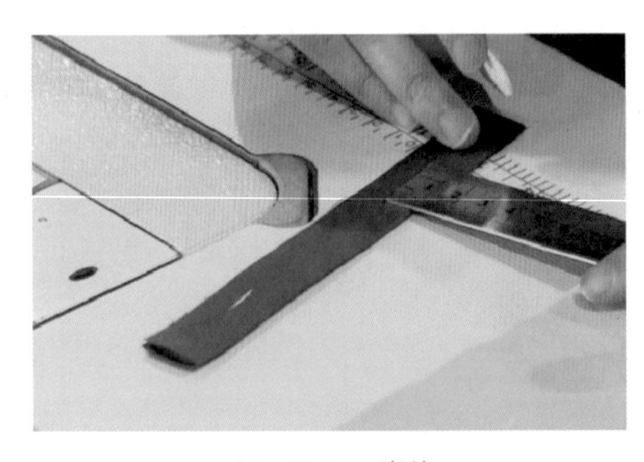

(a) 画 1cm 嵌线

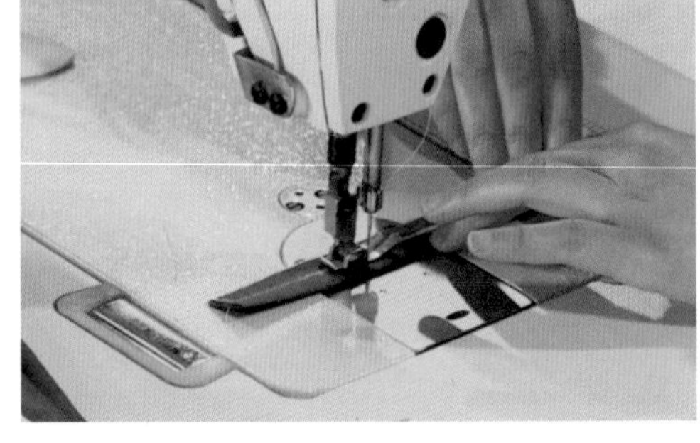

(b) 沿嵌线缉线

图 5-2-7　预缝嵌线

(2) 缉缝嵌线：按标记在袋口位置缉缝嵌线，长度同袋口长；将嵌线缝份宽度修剪至 0.5cm（见图 5-2-8）。

(a) 缉缝嵌线

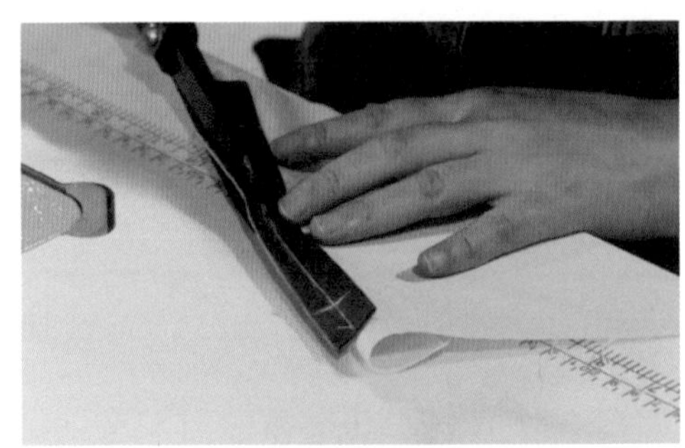

(b) 修剪嵌线

图 5-2-8　缉嵌线

(3) 缉垫袋布：将垫袋布反面朝上，与嵌线缝边对齐，按照袋口长度缉 1cm 宽线，在起止针处倒针（见图 5-2-9）。

图 5-2-9　缉垫袋布

(4) 开袋：开袋共有 4 个步骤，分别为开袋口、剪三角、滚边嵌线、封三角（见图 5-2-10）。

①开袋口：从两条缉线的中间剪开袋布。

②剪三角：在距袋布长边两端各约 1cm 处剪“Y”字形至袋角，尽量剪到袋角，但

不要剪断缝线。

③滚边嵌线：翻转嵌线，将毛边用斜条滚边，防止嵌线的毛茬散开。

④封三角：将袋布正面朝上，掀起袋布，用倒针封三角、固定嵌线布和垫袋布。

(a) 开袋口

(b) 剪三角

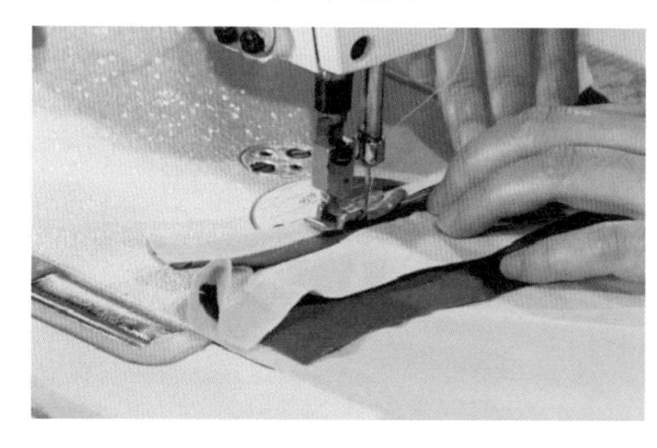

(c) 滚边嵌线

(d) 袋口封三角

图 5-2-10　开袋

(5) 缉缝垫袋布：将袋布对折，正面朝外，缉缝垫袋布上下两条边，使其固定在袋布上（见图 5-2-11）。

(6) 缉袋布明线：将袋布缝边向内折叠，沿止口缉 0.1cm 明线，不可漏针、断线，在起止针处倒针（见图 5-2-12）。

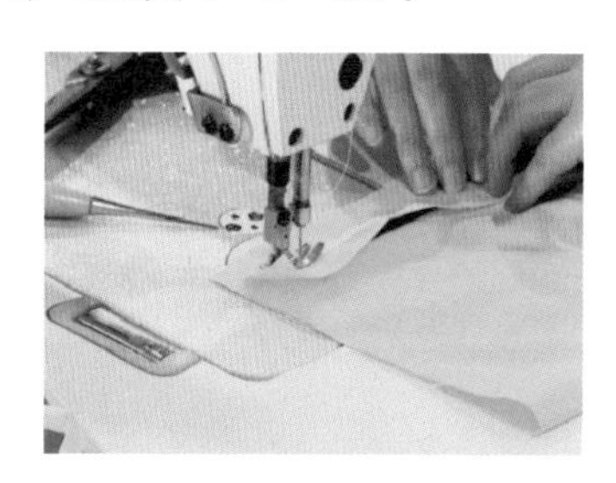

图 5-2-11　缉缝袋垫布　　图 5-2-12　缉袋布明线

3. 安装内袋

(1) 抽绳口卷边：在袋口抽绳口处做卷边缝，缝份宽度为 0.5cm（见图 5-2-13）。

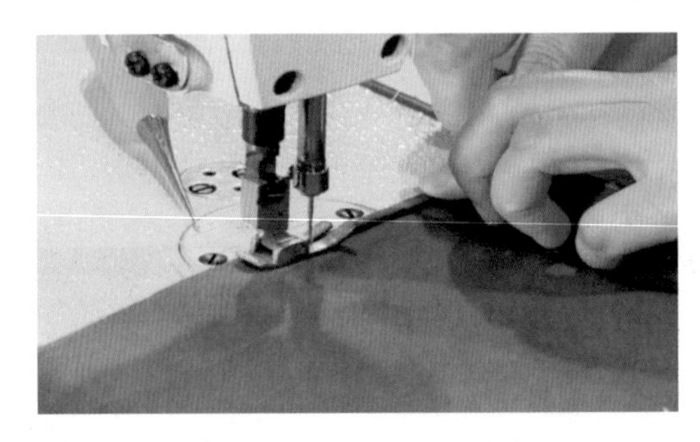

图 5-2-13　抽绳口卷边

（2）安装内袋：标记内外袋口中点；内外袋正面相对，袋口对齐，缝合内外袋，缝份宽度 1cm（见图 5-2-14）。

(a) 内外袋袋口对齐

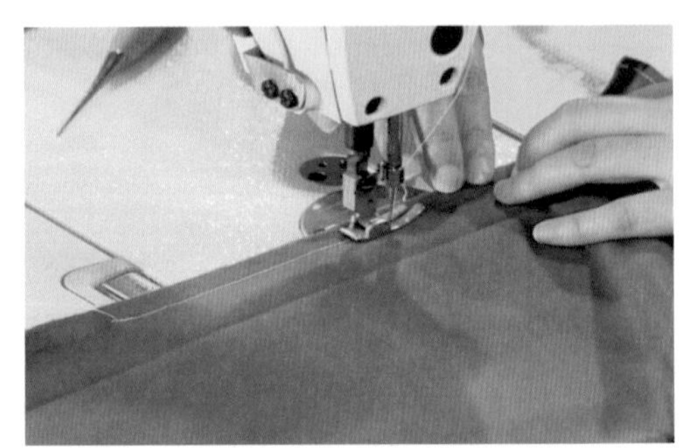

(b) 缝合内外袋，缉线 1cm

图 5-2-14　安装内袋

（3）袋口卷边：在外袋口处做卷边缝，沿袋口折烫痕迹缉明线，明线宽度为 0.1cm，在起止针处倒针（见图 5-2-15）。

图 5-2-15　袋口卷边

4. 制作外袋

（1）缉缝绳袢：在绳袢两侧缉线 0.1cm（见图 5-2-16）。

（2）安装绳袢：对折绳袢，按标记位置装在外袋上，在距止口 0.5cm 处倒针固定（见图 5-2-17）。

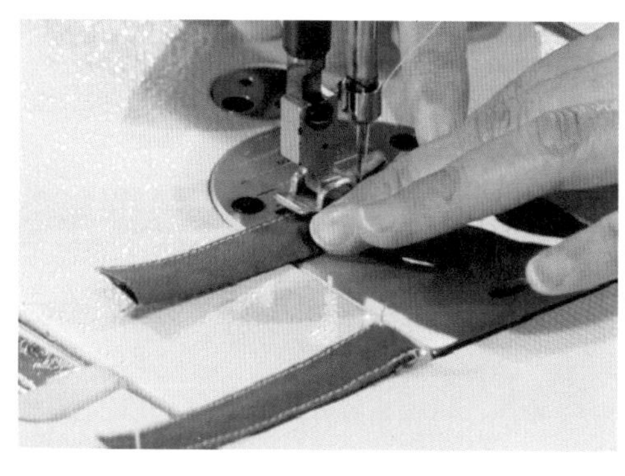

图 5-2-16　缉缝绳袢

图 5-2-17　安装绳袢

（3）缝合侧缝：外袋正面相对对折，从袋口抽绳处以下缝合侧缝，缝份宽度 1cm（见图 5-2-18）。

（4）滚边：将外袋侧缝用斜条滚边，注意将斜条两端毛边处理干净，在起止针处倒针（见图 5-2-19）。

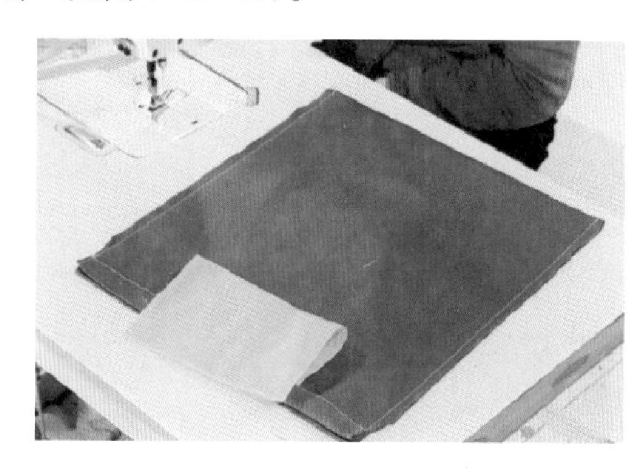

图 5-2-18　缝合侧缝

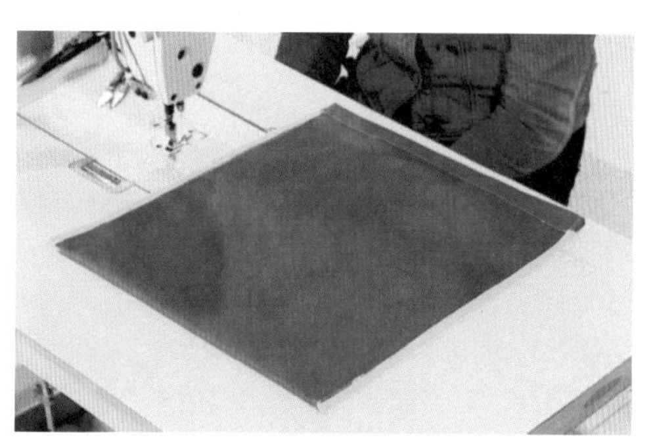

图 5-2-19　侧缝滚边

（5）封袋底三角：用尺子从袋底沿侧缝向上测量 4cm，用划线标记袋底三角，平缝一道线封袋底三角，在起止针处倒针（见图 5-2-20）。

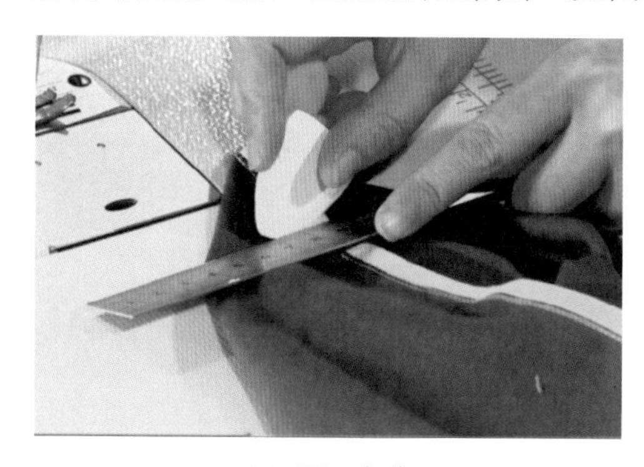

（a）画三角位

（b）车缝三角

图 5-2-20　封袋底三角

活动四　成品整烫

抽绳袋整烫方法及要求如表 5－2－3 所示。

表 5－2－3　抽绳袋整烫方法及要求

序号	项 目	具 体 要 求
1	安全操作	(1) 通电之前，检查熨斗电线、胶管是否完好，防止漏电； (2) 将温控旋钮调至对应面料，控制好温度； (3) 不使用熨斗时，关闭熨斗电源，将熨斗放置搁板上； (4) 人离开时，拔下电源插头
2	工艺操作方法与要求	(1) 在熨烫棉织物或涤棉混纺织物时，注意棉织物耐热度为 160～180℃，涤棉织物耐热度为 140～160℃； (2) 整烫顺序：将袋套在烫凳上，正面朝里，熨烫背面，缝份分开烫，再翻转到袋正面，将其整体熨烫平服
3	成品熨烫要求	(1) 产品无污渍 (2) 内袋各部位平服，侧缝平顺，袋口平整，外观平整，无烫黄、无极光

活动五　灌绳

先将绳子从袋口抽绳处穿过一圈，再穿过袋底的耳绊，绳子结尾处打结固定（见图 5－2－21）。

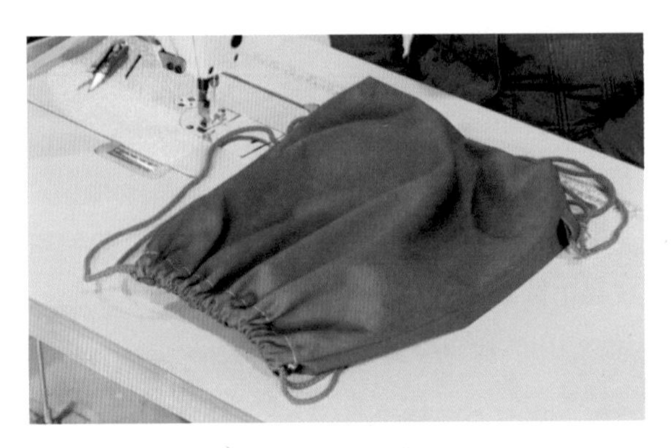

图 5－2－21　**灌绳**

活动六　检验成品

参照惠州市袋王包袋有限公司企业标准《帆布袋》（Q/HZDW002－2020），抽绳袋成品的检验如表 5－2－4 所示工序和要求执行。

表 5－2－4　抽绳袋检验工序及要求

序号	工序	检验方法与要求
1	外观质量	表面美观、均匀、平整，无污渍、破损等瑕疵；袋口卷边宽窄一致，袋口符合尺寸标准，底部三角左右对称

续表

序号	工序	检验方法与要求
2	内袋	单嵌线袋缝制平服，袋牙宽窄一致；内袋制作平服，无毛茬、豁口
3	缝制检验	针迹均匀、顺直、牢固，无漏缝、不露毛茬；接针套正 5cm 以上重叠，起止回针≥3 道，针密度为 11～14 针/3cm
4	规格测量	测量抽绳袋成品长度、宽度（不含绳带）是否在允许的公差范围内。检查工具使用钢尺，抽绳袋长、宽规格偏差±1cm、侧厚偏差±0.5cm
5	修剪检验	检查成品的线头是否修剪干净，袋内的线头或杂物是否清理干净
6	整烫检验	平服，无极光、无水渍、无烫黄、无污渍

问题探究

挖袋的常用位置有哪些？

挖袋又称开袋，是指在袋口部位将衣片剪开，将袋布放在衣服里面的口袋，有单嵌线口袋、双嵌线口袋、拉链开线口袋、开线袋盖口袋等，常用于外套下袋和侧袋、裤子后袋、西服手巾袋等位置（见图 5－2－22）。

保证挖袋工艺质量的关键是保证嵌条宽窄一致，口袋平服，袋角方正、无毛出，封口位置准确。

（a）西服手巾袋

（b）外套下袋

（c）裤子后袋

图 5－2－22　挖袋常用位置

知识拓展

草莓型环保袋的制作

1. 准备材料

（1）尼龙面料（三角插片可使用插色面料）。

（2）长度为 40cm 的尼龙绳。

（3）塑料吊钟 1 个。

2. 计算用料

草莓型环保袋排料如图 5－2－23 所示。

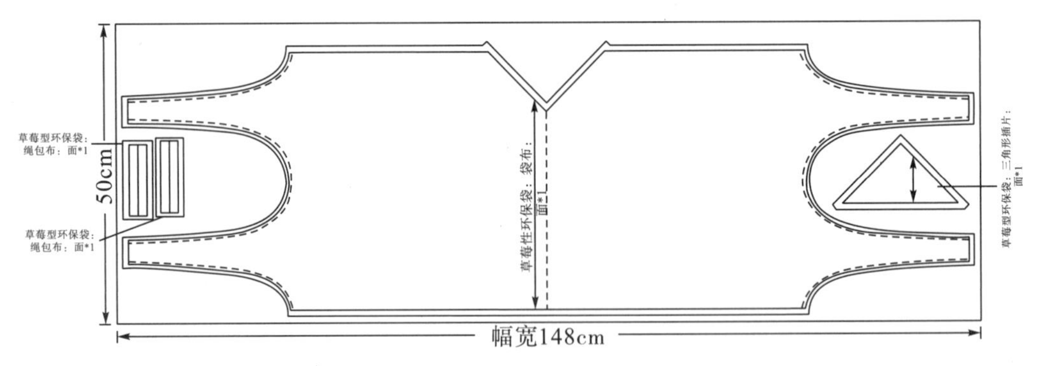

图 5－2－23　草莓型环保袋排料图

3. 制作过程

草莓型环保袋缝制过程如图 5－2－24 所示。

（1）缝制绳包布：用卷边缝工艺缝制绳包布两端，缝份宽度为 0.3cm [见图 5－2－24（a）]；对折绳包布并平缝，缝份宽度为 1cm [见图 5－2－24（b）]。

（2）缝三角插片：安装绳包布，平缝三角插片，缝份宽度为 1cm [见图 5－2－24（c）、图 5－2－24（d）]。

（3）缝制袋身：用来去缝工艺缝制袋的两侧，拼接手提袋 [见图 5－2－24（e）、图 5－2－24（f）]。

（4）缝制袋口：用卷边缝工艺缝制袋口，缝份宽度为 0.2cm [见图 5－2－24（g）]。

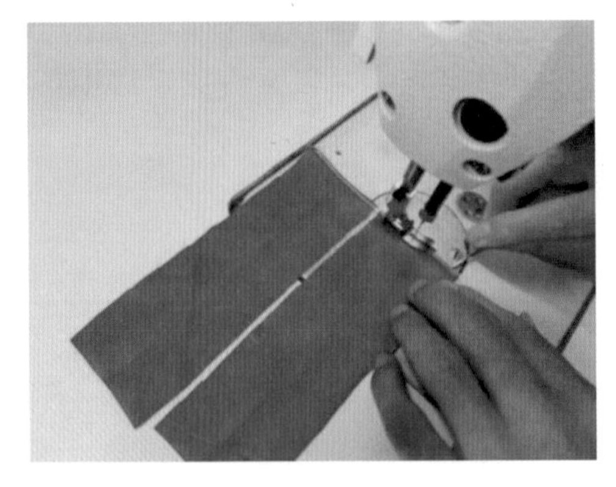

（a）用卷边缝工艺缝制绳包布两端

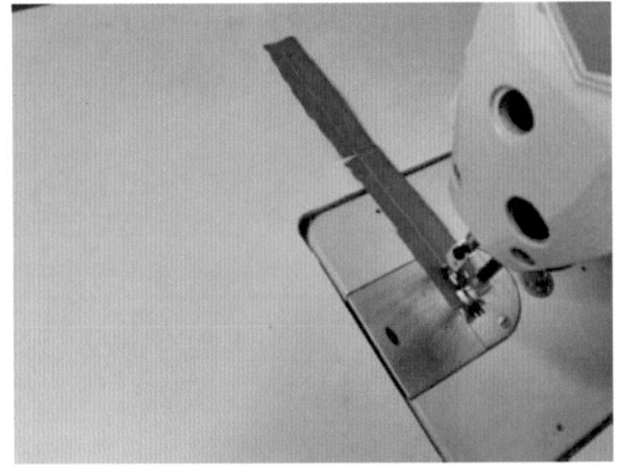

（b）对折绳包布并平缝

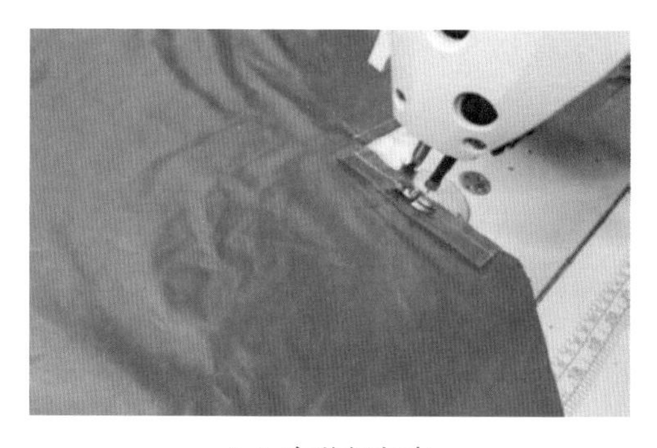

（c）安装绳包布

（d）平缝三角插片

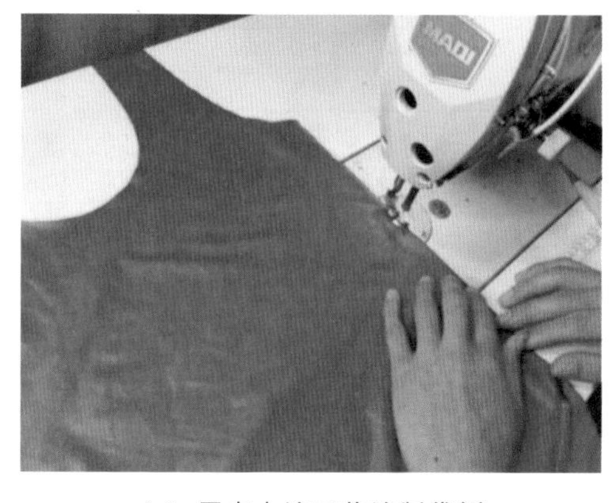

（e）用来去缝工艺缝制袋侧

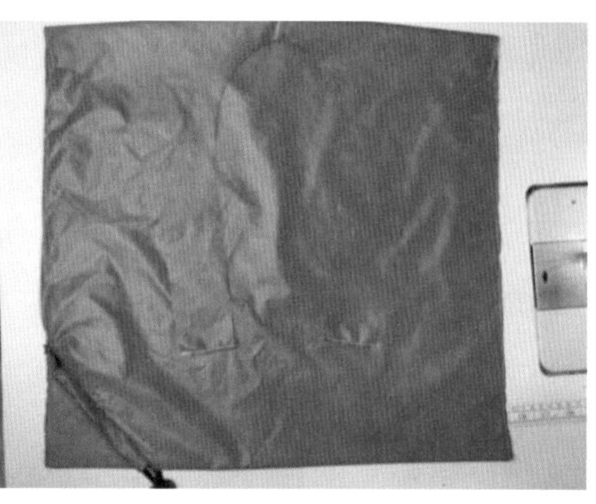

（f）拼接手提袋

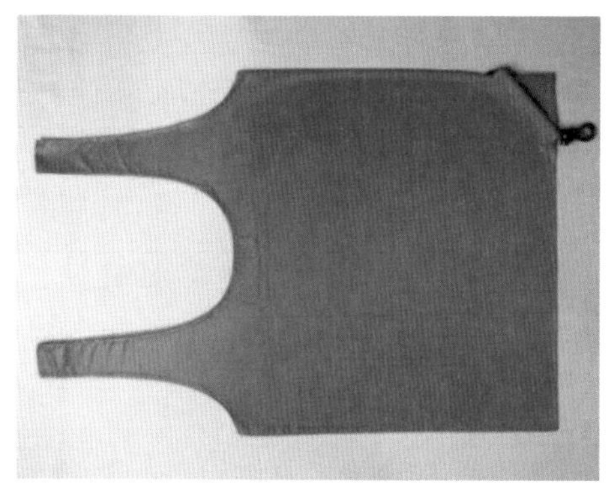

（g）缝制袋口

（h）成品

图 5—2—24　草莓型环保袋缝制过程

练一练

运用贴袋、挖袋工艺，试制一款背包，要求：

（1）自绘款式图线稿或款式图片（款式可自定）。

（2）按款式图编制工艺单。

（3）按要求进行缝制和检验。

（4）展示成品。

项目学习评价表

评价项目	评价内容	分值	自我评价	小组评价	教师评价	得分
岗位素养（10 分）	1. 完成当日指定工作任务	3				
	2. 按规定质量标准完成指定工序的缝制后，再进行下一道工序	2				
	3. 对不合格产品必须按质量标准及时返工	3				
	4. 负责个人机台及工位卫生的日常维护，并在工作结束后关掉电源开关	2				
劳动教育（25 分）	1. 遵守教学实践环节劳动纪律，不迟到、不早退、不旷工	10				
	2. 遵守实训室的规章制度、安全操作规范	3				
	3. 尊重师长；爱护实训室设施设备；爱护他人劳动成果，不随意破坏	2				
	4. 完成每日或每周的组内实训室劳动任务	10				
专业能力（40 分）	1. 能维护和保养常用服装缝纫设备，会调节面底线	5				
	2. 能按裁剪质量标准独立完成面料裁剪，面料裁剪数量、纱向无误	5				
	3. 能识读布艺包袋的工艺步骤图解，能进行自主缝制	15				
	4. 能按熨烫安全操作规范、操作步骤及方法要求进行成品整烫	5				
	5. 能按检验步骤及方法要求进行袋的成品检验，且缝制的产品质量合格	10				
写作能力（10 分）	完成项目体验与总结	10				
创新能力（15 分）	1. 能综合运用所学缝型及挖袋、抽绳等工艺进行款式拓展练习，完成款式资料收集、产品制作	10				
	2. 能对作品进行描述、展示。	5				
项目体验与总结	不足之处					
	改进措施					
	收获					
	总分					

项目六 家居服的缝制工艺

项目目标

睡衣和浴袍是较为常见的家居服。随着人们生活水平的提高，会客家居装、厨房工作装、小区散步休闲装等逐渐走进人们的生活，使家居服的款式越来越丰富。家居服的设计追求健康、舒适、简单和温馨，材质多选用棉、丝绸类面料。本项目中，学生将综合运用前面所学各种工艺，试制直线型、直身型家居服。

项目目标

1. 知识目标

（1）了解成衣裁片的基本造型和组合形式。

（2）掌握上装、下裤结构线吻合的基本关系。

2. 技能目标

（1）会编制产品工艺单。

（2）能独立使用所提供样板进行睡衣、浴袍的裁剪。

（3）能运用基础缝制工艺独立制作睡衣、浴袍。

（4）会按产品质量标准检验成品质量，并处理常见质量问题。

（5）会处理缝纫机的常见故障。

3. 素质目标

（1）培养学生爱家、爱生活的情怀。

（2）培养学生可持续发展的学习能力。

（3）挖掘中国传统服饰文化，培养学生的文化自信。

项目分析

本项目是将基础缝型中的多种缝型结合，运用到睡衣、睡裤、浴袍的制作中，让学生在完成工作任务的过程中学会各项工艺。工艺流程包括识读工艺单、裁剪、缝制、熨烫、检验等步骤。缝制以直线缝、包缝为主，同时涉及睡衣锁眼钉扣、浴袍腰带围系。

设备准备：平缝机、包缝机、蒸汽熨斗。

工具准备：划粉、钢尺、软尺、高温记号消失笔、锥子、线剪、单边压脚、裁缝剪刀。

项目实施

睡衣的缝制 1

任务一　睡衣的缝制

睡衣是居家休息时穿的衣物，通常有吊带式、连身式、分体式三种。在本任务中，我们将学习制作小翻领睡衣。从健康角度考虑，睡衣的面料应选用纯棉、丝绸或以棉为主的混纺织物，以轻薄、柔软、舒适为宜。其版型较为宽松，以直身型为主。小翻领睡衣的缝制工序主要有：铺料裁剪，粘衬，扣烫部件，缝制部件，装贴袋、装挂面，缝合肩缝，绱领，绱袖，缝合侧缝袖底缝，底边、袖口卷边，锁眼钉扣，整烫，检验等。

活动一　识读工艺单

表 6-1-1　小翻领睡衣服缝制工艺单

<table>
<tr><td>款式名称</td><td>小翻领睡衣</td><td>款号</td><td colspan="2">SS/J01-1</td><td colspan="2">完成人签字</td><td colspan="2"></td></tr>
<tr><td colspan="3">款式图</td><td colspan="6">成品规格尺寸表（单位：cm）</td></tr>
<tr><td colspan="3" rowspan="5"></td><td>后衣长</td><td>胸围</td><td>肩宽</td><td>袖长</td><td>袖口</td><td>后领宽</td></tr>
<tr><td>69</td><td>108</td><td>45</td><td>56</td><td>32</td><td>6.5</td></tr>
<tr><td colspan="6">工艺说明及技术要求</td></tr>
<tr><td colspan="6">1. 针距要求：12～14 针/3cm；
2. 缝型要求：平缝、卷边缝、包缝等；
3. 技术说明：贴袋、绱领、绱袖、门襟工艺；
4. 缉线要求：直线顺直；面、底线松紧一致；缉线平整；无断针、跳针、脱线等问题；
5. 领面平服，领角窝服；
6. 绱袖圆顺、左右对称、长短一致</td></tr>
</table>

续表

造型特征描述	外观要求	面料	辅料与配件
宽松直身型小翻领睡衣，一片袖，左前片上有小圆角贴袋一个，平下摆，前中设6粒扣	领面光滑平顺，翻领线圆顺，袖子吃势均匀，衣下摆平服，底摆不起吊、不外翻。整体整洁、无污渍，各部位熨烫平服	1. 成分：纯棉或丝绸； 2. 纱支：40S（棉）； 3. 16姆（丝绸厚度）； 4. 幅宽：144～148cm； 5. 织物组织：斜纹； 6. 用量：1.4m	1. 涤纶线：40S，与面料同色； 2. 无纺衬：50g，用量0.7m； 3. 纽扣：6粒； 4. 机针：11号

活动二　裁剪面料

小翻领睡衣的裁剪工序有：样板检查、面料预缩、排料、划样、裁片。学生使用提供的睡衣样板进行裁剪，裁片尺寸与数量必须与工艺单相符，各裁片纱向、各部位剪口与样板一致。具体工序及要求如表6－1－2所示。

表6－1－2　小翻领睡衣裁剪工序及要求

序号	工序	工艺操作方法	质量标准
1	样板检查	检查睡衣样板数量是否齐全、规格是否与工艺单（样品）相符	裁片规格要符合产品规格，零部件、衬等裁配准确
2	面料预缩	将面料反面朝上，用蒸汽熨斗给湿给热，让面料自然回缩，然后关闭熨斗蒸汽，将面料熨烫平整	（1）经纬丝缕顺直； （2）面料尺寸稳定性较好，棉织物经向缩率在3%左右，纬向缩率为3%～5%
3	排料	识别面料的幅宽和正反面，平铺面料，反面朝上，将样板按照纱向标示方向摆放，遵照排料原则，先大后小，大小片穿插，合理排料	排料紧密合理，裁片丝绺正确、数量准确、左右对称
4	划样	对准裁片样板把外轮廓及定位标记画在布料上	缝制标记准确
5	裁片	裁剪布片（见图6－1－1）： （1）面料：前衣片2片，后衣片1片，袖片2片，挂面2片，领面2片，贴袋1片； （2）对准画线裁剪，对位剪口不能超过0.5cm	（1）裁片数量准确、标记完整； （2）裁片尺寸准确； （3）合理排料，节约用料

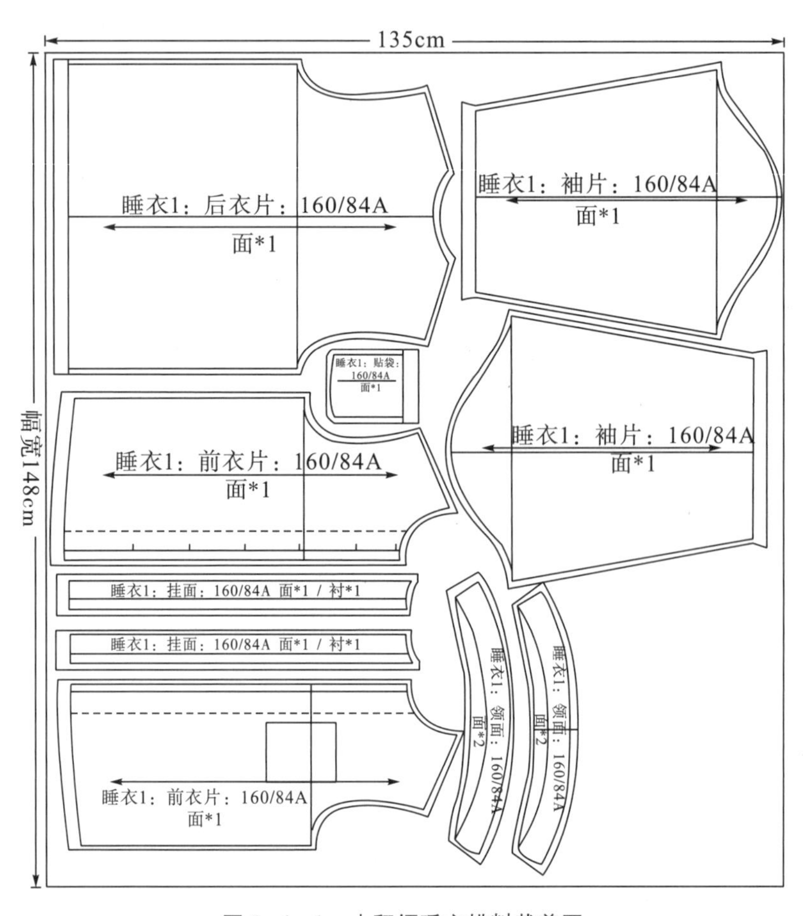

图 6—1—1　小翻领睡衣排料裁剪图

活动三　缝制前的熨烫

1. 粘衬

依次完成领子、挂面的正反面粘衬，将其熨烫平整（见图 6—1—2）。

(a) 领子粘衬

(b) 挂面粘衬

图 6—1—2　粘衬

2. 扣烫部件

(1) 扣烫挂面：将工艺样板和挂面中心对齐，由挂面两边向中间扣烫 1cm 宽的缝份（见图 6－1－3）；取出工艺样板，熨烫平整。

图 6－1－3　扣烫挂面

（2）扣烫贴袋：按袋口工艺样板扣烫贴袋袋口，先扣烫 1cm，再扣烫 1.5cm。在扣烫好贴袋后按照贴袋工艺样板形状扣烫贴袋（见图 6－1－4）。

（a）扣烫袋贴袋口　　（b）扣烫贴袋

图 6－1－4　扣烫袋贴

（3）扣烫衣领：按衣领工艺样板扣烫衣领领底，其余三边画样（见图 6－1－5）。

（a）扣烫衣领领底

（b）领面其余三边画样

图 6－1－5　扣烫衣领

3. 标记袋位

按裁剪样板，在前片裁片上标记出贴袋位（见图 6－1－6）。

图 6-1-6　标记贴袋位

活动四　缝制部件

1. 做贴袋

贴袋的工艺流程如图 6-1-7 所示。

（1）缝合袋口：沿扣烫好的袋口反面止口缉 0.1cm 明线，正面缝线宽度为 1.5cm［见图 6-1-7（a）］。

（2）贴袋：将贴袋放置在左前片贴袋位，沿扣烫的贴袋边沿缉 0.1cm 明线［见图 6-1-7（b）］。

（3）加固袋口：袋口缝三角形加固［见图 6-1-7（c）］。

（a）缝合袋口

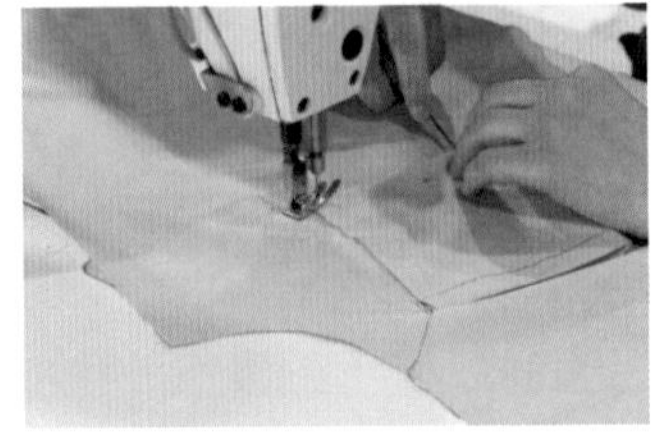

（b）贴袋

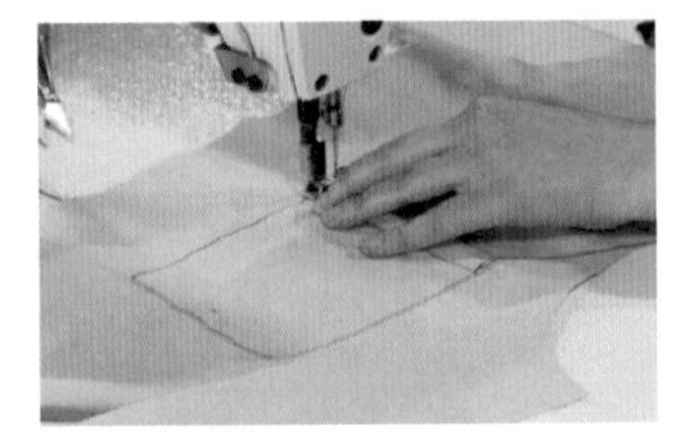

（c）加固袋口

图 6-1-7　做贴袋

2. 做衣领

衣领的工艺流程如图 6-1-8 所示。

（1）缝合衣领：沿画线缝合领面、领底，领角埋线［见图 6-1-8（a）］。

（2）修剪缝份：将缝合后的衣领的缝份宽度修剪为 0.4cm［见图 6-1-8（b）］。

（3）领底缉线：将领子翻至正面，整理出领角，沿领底外口边缉 0.1cm 止口线［见图 6-1-8（c）］。

（4）平烫衣领：将制作好的领子熨烫平整［见图 6-1-8（d）］。

(a) 缝合衣领

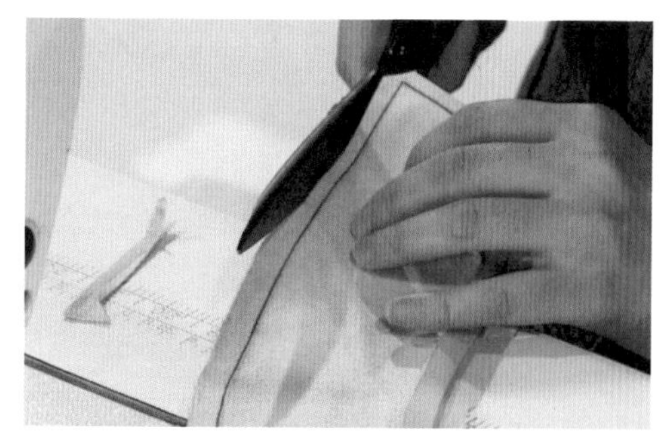

(b) 修剪缝份

(c) 领底缉线

(d) 平烫衣领

图 6—1—8　做衣领

3. 做挂面

挂面的工艺流程如图 6—1—9 所示。

(1) 安装挂面：挂面与前衣片正面相对，缝合挂面、前衣片，转角缝至领口绱领点[见图 6—1—9 (a)]。

(2) 缝制挂面底边：底边向上 3cm 做定位，缝和做净挂面底边 [见图 6—1—9 (b)]。

(3) 修剪挂面缝份：将挂面缝份宽度修剪成 0.4cm [见图 6—1—9 (c)]。

(4) 平烫挂面：将挂面翻至正面，熨烫平整 [见图 6—1—9 (d)]。

(5) 止口里外匀：熨烫时将前中止口烫出里外匀关系，止口不反吐不外露，正面只能看到上层衣片 [见图 6—1—9 (e)]。

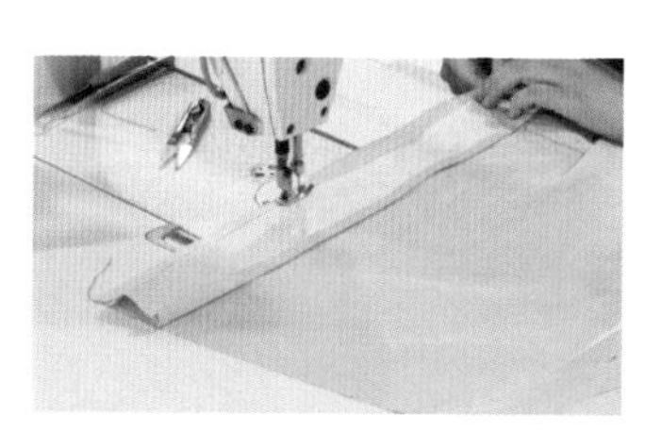

(a) 安装挂面

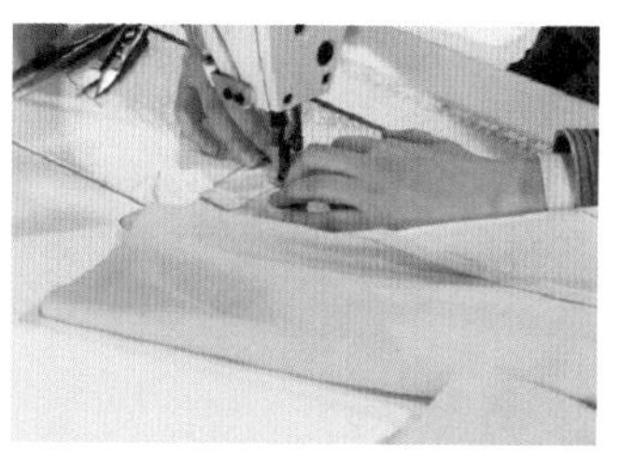

(b) 缝制挂面底边

(c) 修剪挂面缝份

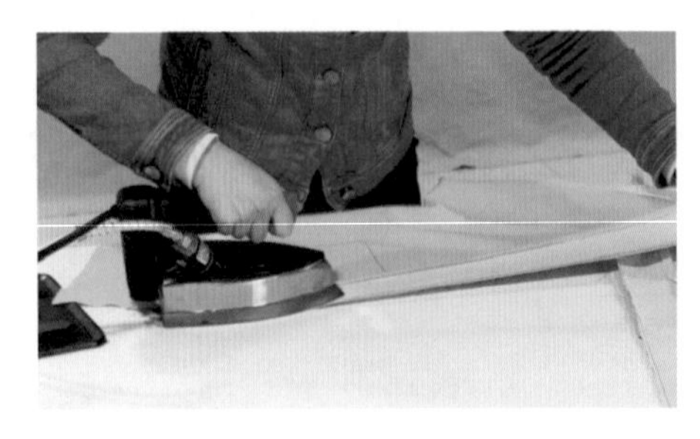
(d) 平烫挂面

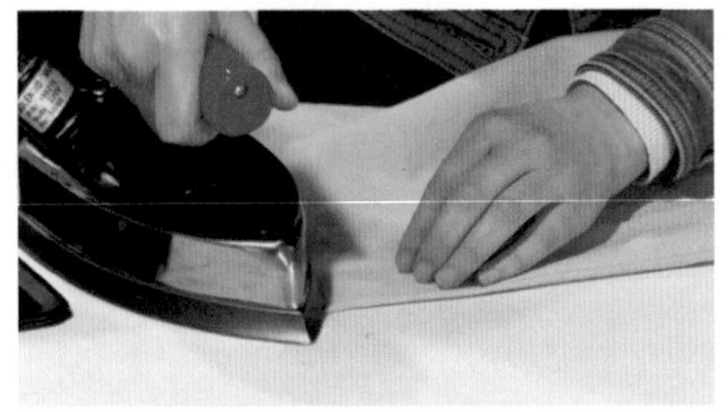
(e) 止口里外匀

图 6-1-9　做挂面

4. 做肩缝

肩缝的工艺流程如图 6-1-10 所示。

(1) 缝合肩缝：将前后肩缝正面相对缝合，缝份宽度为 1cm [见图 6-1-10 (a)]。

(2) 肩缝锁边：将缝合后的肩缝前片朝上，锁边 [见图 6-1-10 (b)]。

(3) 熨烫肩线：将缝合后的肩缝平烫，再将肩缝缝份向后片烫倒 [见图 6-1-10 (c)]。

(4) 肩缝缉线：沿后片肩缝缉明线，明线宽度为 0.5cm [见图 6-1-10 (d)]。

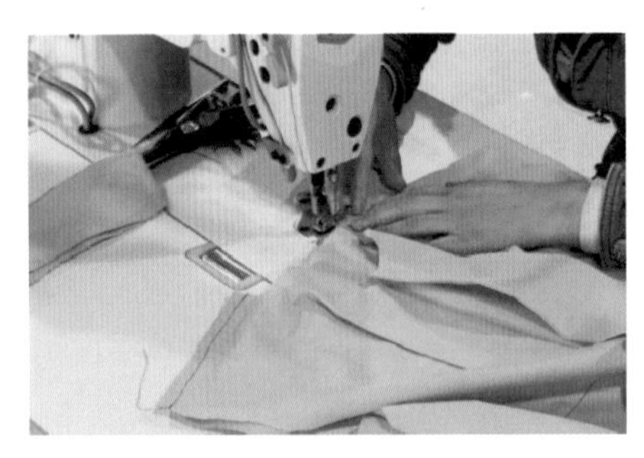
(a) 缝合肩缝

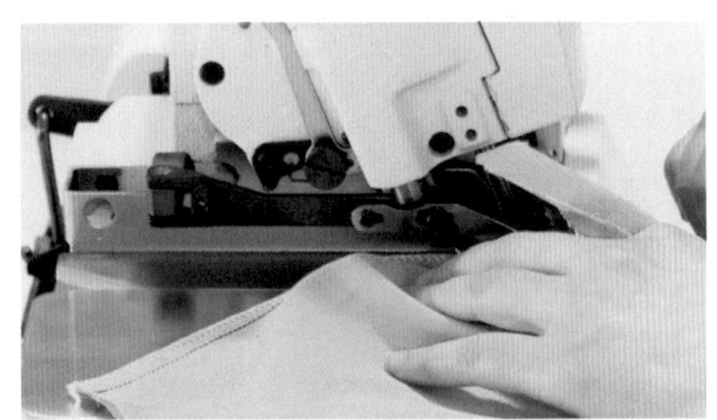
(b) 肩缝锁边

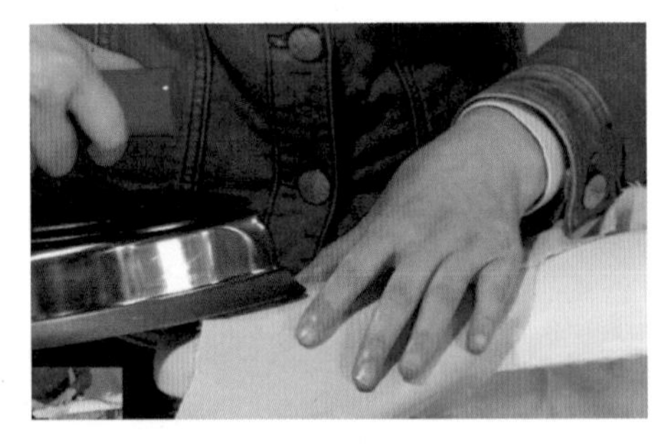
(c) 熨烫肩缝

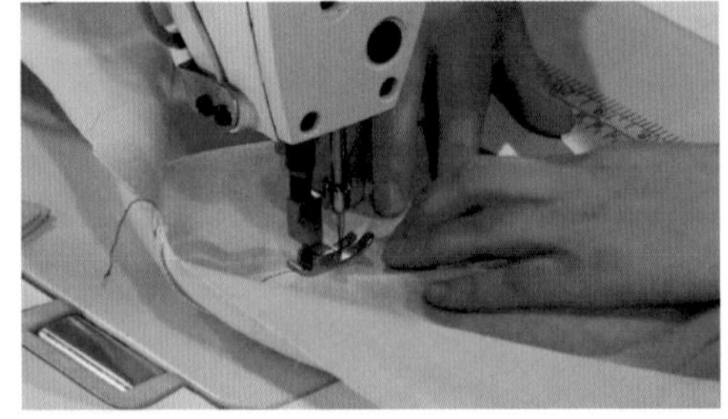
(d) 肩缝缉线

图 6-1-10　缝合肩缝

5. 绱领

睡衣的缝制 2

绱领的工艺流程如图 6-1-11 所示。

(1) 做标记：沿扣烫的领面边沿，在领底上画绱领净样线 [见图 6-1-11 (a)]。

（2）缝合领底与衣身：将领底与衣片按左右两侧肩缝点、后领中点三个对位剪口对齐，沿划样净样线车缝，缝合领底与衣身，挂面绱领点标记对位剪口［见图 6－1－11（b）］。

（3）缉领底线明线：缝份倒向衣领，领底线盖住领面与衣片缝合线，从一侧绱领点对位剪口处至另一边绱领点剪口处缉 0.1cm 宽明线，缉线顺直［见图 6－1－11（c）］。

（a）做标记

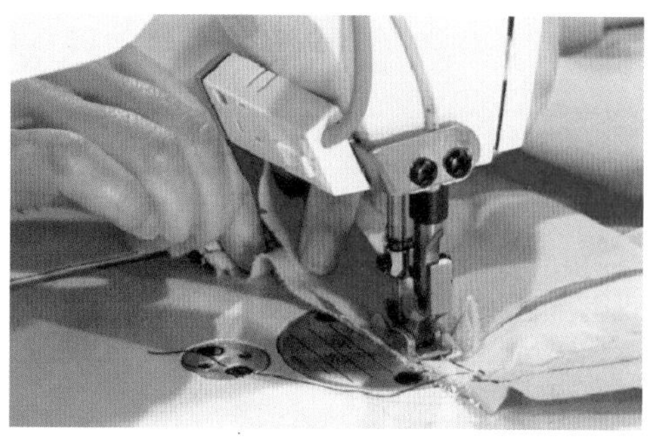

（b）缝合领底与衣身

（c）缉领底线明线

图 6－1－11　绱领

6. 缉门襟明线

由左片衣身底边挂面处正面起针，经门襟、衣领至右身底边挂面处缉 0.5cm 明线，缉线宽度 0.5cm（见图 6－1－12）。

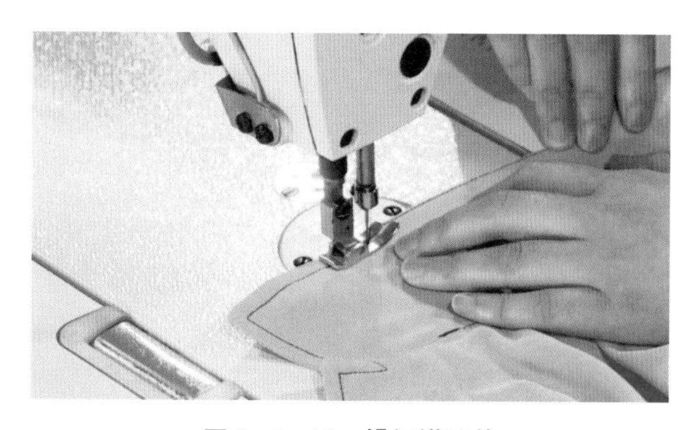

图 6－1－12　缉门襟明线

7. 绱袖

绱袖的工艺流程如图 6—1—13 所示。

(1) 缝合袖片：将袖片上的刀口与衣片袖窿的刀口对准后缝合，缝份宽度为 1cm [见图 6—1—13 (a)]。

(2) 锁边：袖子放上层，锁边袖窿缝合线 [见图 6—1—13 (b)]。

(2) 倒烫袖缝：平烫袖缝，将袖缝向衣身烫倒，翻至正面熨烫平整 [见图 6—1—13 (c)]。

(3) 缉袖窿明线：沿袖窿边缉明线，宽度为 0.5cm [见图 6—1—13 (d)]。

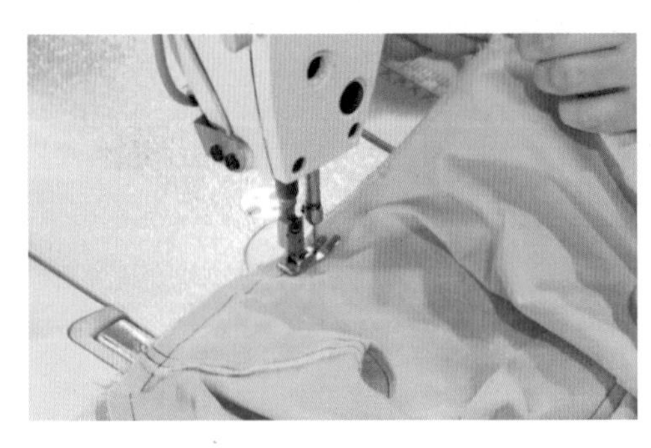

(a) 缝合袖片

(b) 锁边

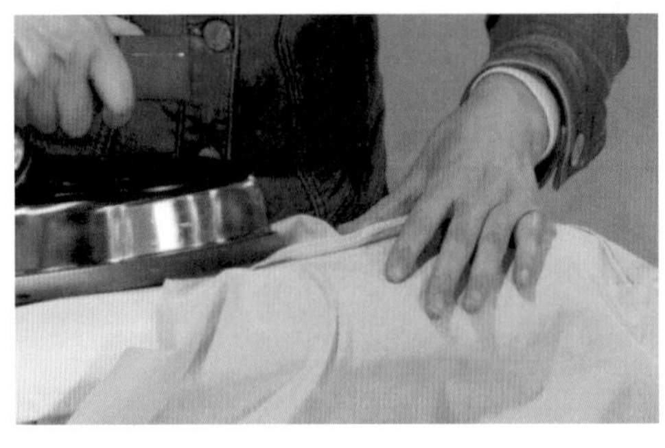

(c) 倒烫袖缝

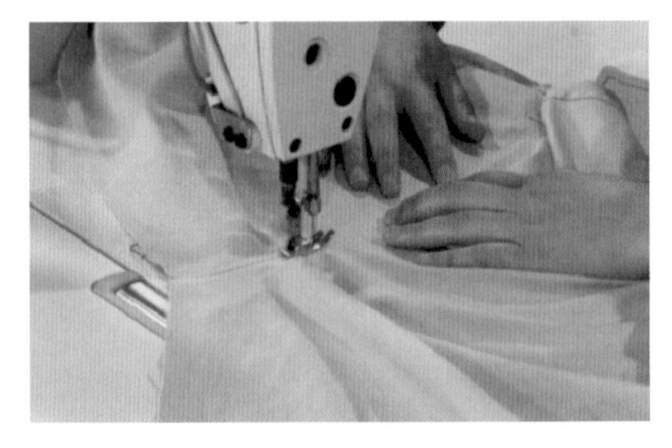

(d) 缉袖窿明线

图 6—1—13 绱袖

活动五 缝制衣身

1. 缝制侧缝、袖底缝

侧缝袖底缝制流程如图 6—1—14 所示。

(1) 缝合侧缝、袖底缝：将袖底缝和前、后衣片的侧缝对齐，袖窿底点对准缝合袖底缝和侧缝，缝份宽度为 1cm。将前衣片反面朝上，锁边 [见图 6—1—14 (a)]。

(2) 倒烫侧缝：平烫侧缝、袖底缝，将侧缝向后片烫倒 [见图 6—1—14 (b)]。

(3) 缉侧缝明线：缉后侧缝缉明线，明线宽度为 0.5cm [见图 6—1—14 (c)]。

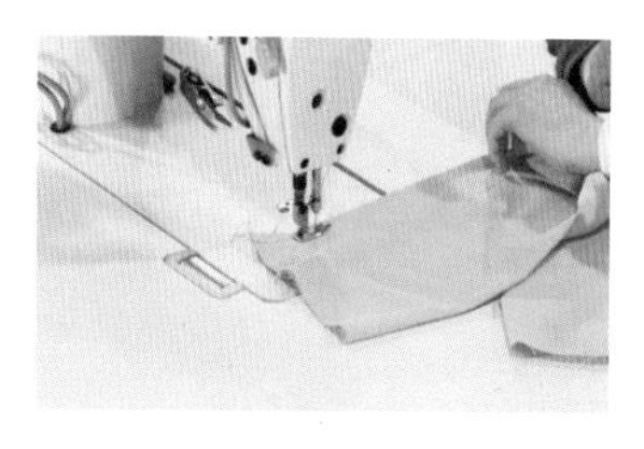

（a）缝合侧缝、袖底缝

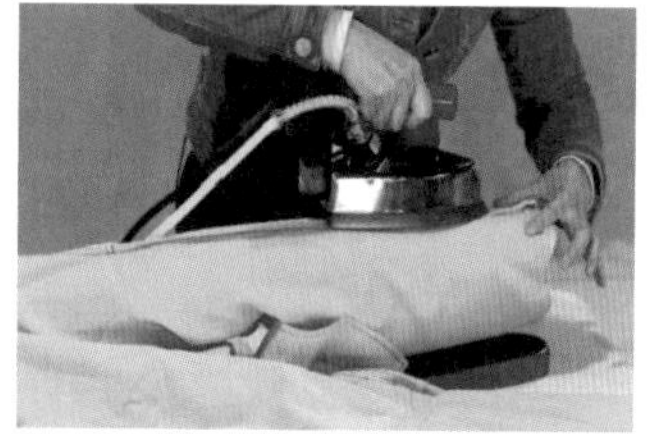

（b）倒烫侧缝

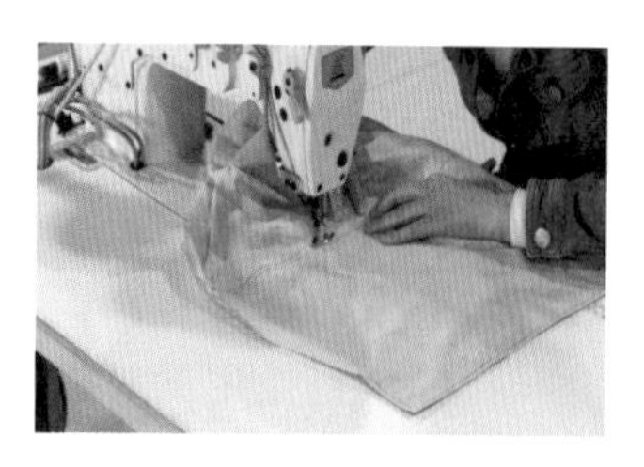

（c）缉侧缝明线

图 6－1－14　缝合侧缝、袖底缝

2. 扣压挂面

沿挂面扣烫边缉 0.1cm 宽明线（见图 6－1－15）。

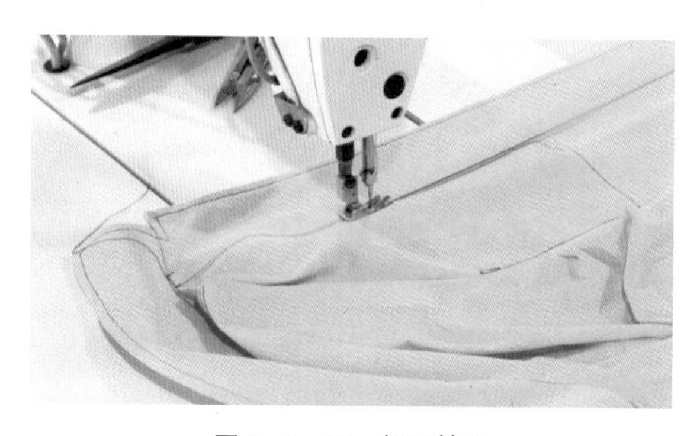

图 6－1－15　扣压挂面

3. 缝制衣片底边、袖口底边

衣片底边、袖口底边的缝制流程如图 6－1－16 所示。

（1）衣片底边卷边：将衣片底边反面翻折 1cm，再翻折 1.5cm，沿翻折边缉 0.1cm 宽明线，正面缝线宽度为 1.5cm［见图 6－1－16（a）］。

（2）袖口卷边：将袖口底边反面翻折 1cm，再翻折 1.5cm，沿翻折边缉 0.1cm 明线，正面缝线宽度为 1.5cm［见图 6－1－16（b）］。

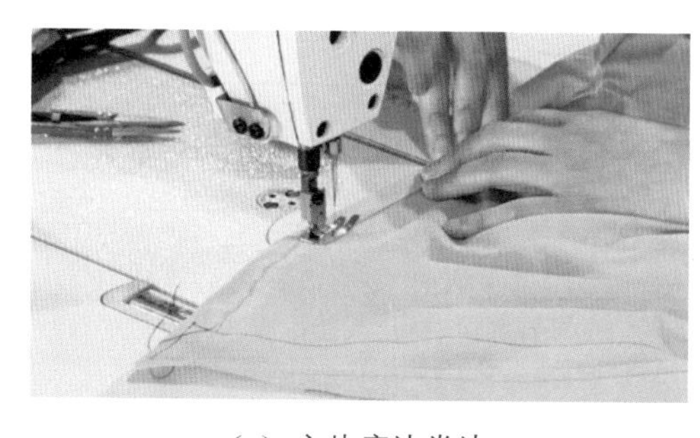

（a）衣片底边卷边

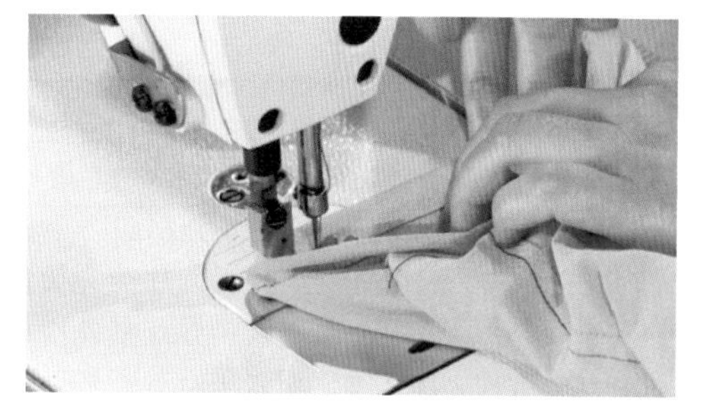

（b）袖口卷边

图 6－1－16　缝制衣片底边、袖口底边

4. 锁眼、钉扣

锁眼、钉扣的工艺流程如图 6－1－17 所示。

(1) 检查：确定扣眼位之前需检查左右门襟、袖底缝、侧缝长短是否一致［见图 6－1－17 (a)］。

(2) 标记扣眼位：按扣眼定位样板，在右门襟标记扣眼位，在左门襟标记纽扣位［见图 6－1－17 (b)］。

(3) 锁眼：使用平头锁眼机，按扣眼位锁眼［见图 6－1－17 (c)］。

(4) 钉扣：钉扣与眼位相对；每眼不低于 6 根线；缠脚线 0.2～0.3cm，高度适宜；线结不外露［见图 6－1－17 (d)］。

(a) 检查

(b) 标记扣眼位

(c) 锁眼

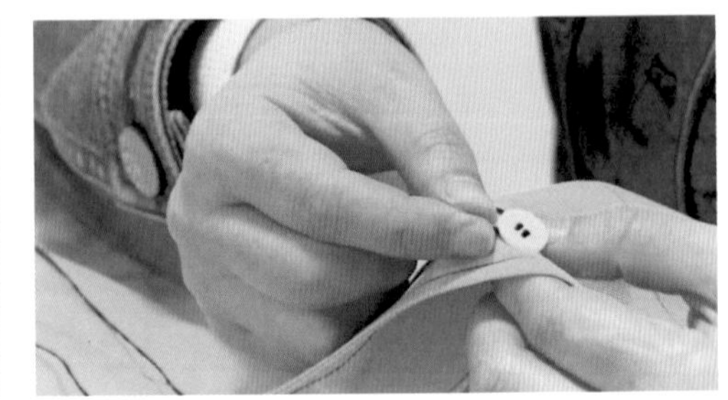

(d) 钉扣

图 6－1－17　锁眼、钉扣

活动六　成品整烫

小翻领睡衣整烫方法及要求如表 6－1－3 所示。

表 6－1－3　小翻领睡衣整烫方法及要求

序号	项 目	具 体 要 求
1	熨烫工具选择	蒸汽熨斗、压铁、烫凳
2	熨烫操作方法与要求	(1) 在烫棉织物时，温度控制在 160～180℃； (2) 熨烫顺序为先烫反面，再烫正面；先熨烫缝份，再依次熨烫袖子、后身、小肩、前身、衣领。熨烫圆弧部位时可借助烫凳进行熨烫
3	成品熨烫要求	平服，无污渍、无线头、无极光

活动七　检验成品

参照国家纺织行业标准《睡衣套》(FZ/T81001－2016)，小翻领睡衣成品的检验如表 6－1－4 所示工序和要求执行。

表 6-1-4　小翻领睡衣检验工序及要求

序号	工序	检验方法与要求
1	外观质量	表面无污渍、无死线头；使用粘合衬的部位无脱胶，无渗透，无起皱、起泡及沾胶；各部位缝制平服，缉线宽窄一致，线路顺直、整齐、牢固，针迹均匀，无跳针，上下线松紧适宜，起止针处及袋口应回针缉牢
2	辅料	衬布、缝线的色泽、性能与面料性能相适宜
3	衣领	领子面、底松紧适宜，衣领平服不反翘，左右宽窄、领角一致
4	袖子	绱袖圆顺，袖缝顺直，两袖长短一致，袖口宽度一致
5	门襟	前身门、里襟长短一致，门襟顺直，门里襟止口不反吐
6	肩缝	肩缝顺直、平服，两肩宽窄一致
7	侧缝	袖底十字合缝对齐，侧缝顺直、平服
8	贴袋	口袋方正、圆顺，袋口不豁
9	锁眼钉扣	锁眼定位准确，大小适宜，眼位不偏斜，针迹整齐、平服；扣与眼对位，整齐牢固，扣脚高低适宜，线结不外露
10	规格测量	主要部位允许偏差：领围±0.8cm，衣长±1cm，胸围±2cm，肩宽±1cm，袖长±1cm
11	整烫检验	各部位熨烫平服、整洁，无烫黄、无水渍及无亮光

问题探究

1. 什么是里外匀工艺？

里外匀是指缝合的两层衣片中，外层衣片松，里层紧而形成的窝服形态，其缝制加工的过程称为里外匀工艺。

2. 哪些部位需要用到里外匀工艺？

服装的衣领、西服的驳头、上衣和裤子的门里襟止口、袋盖等。

3. 处理里外匀有哪些技巧？

（1）处理衣领：领底放上，领面放下。

（2）处理袋盖：袋盖里放上，带盖面放下。

（3）处理上衣门里襟：挂面放上，衣片放下。

练一练

完成睡衣制作，要求：

（1）试编制工艺单。

（2）运用平缝、卷边缝、包缝、贴袋、绱领、绱袖等工艺完成制作。

（3）按检验工序及要求检验成品质量，并对存在的问题进行处理，使成品质量符合要求。

睡裤的缝制

任务二　睡裤的缝制

睡裤是与睡衣配套的，选用的材质与睡衣一致，以轻薄、柔软、舒适为宜，版型较为宽松，以直身型为主。缝制工序主要包括铺料裁剪，粘衬，做袋、装袋，合下档缝，合裆缝，脚口卷边，装松紧带，整烫，检验等。

活动一　识读工艺单

睡裤缝制工艺单如表 6－2－1 所示。

表 6－2－1　睡裤缝制工艺单

<table>
<tr><td>款式名称</td><td>睡裤</td><td>款号</td><td>SS/J01－2</td><td>完成人签字</td><td colspan="2"></td></tr>
<tr><td colspan="2">款式图</td><td colspan="5">成品规格尺寸表　（单位：cm）</td></tr>
<tr><td colspan="2" rowspan="4"></td><td>裤长</td><td>腰围</td><td>臀围</td><td>腰宽</td><td>脚口</td></tr>
<tr><td>98</td><td>68</td><td>108</td><td>3</td><td>40</td></tr>
<tr><td colspan="5">工艺说明及技术要求</td></tr>
<tr><td colspan="5">1. 针距要求：12～14 针/3cm；
2. 缝型要求：平缝、卷边缝、包缝；
3. 技术说明：松紧腰，侧缝直袋；
4. 缉线要求：直线顺直；面、底线松紧一致；缉线平整；无断针、跳针、脱线等问题；
5. 腰头松紧带松度适宜</td></tr>
<tr><td>造型特征描述</td><td>外观要求</td><td colspan="3">面料</td><td colspan="2">辅料与配件</td></tr>
<tr><td>直筒宽松裤型，前后各两片，自带松紧腰，侧缝开直袋，脚口卷边</td><td>裤面整洁、平服，腰部松紧均匀、松度适宜，侧袋左右对称，裤腿左右长度、大小一致，无色差，无疵点破损</td><td colspan="3">1. 成分：纯棉或丝绸；
2. 纱支：40S（棉）16 姆（丝绸厚度）；
3. 幅宽：144～148cm；
4. 织物组织：斜纹；
5. 用量：1.15m</td><td colspan="2">1. 涤纶线：40S/2，与面料同色；
2. 无纺衬：50g，用量 0.2m；
3. 松紧：70cm；
4. 机针：11 号 cm</td></tr>
</table>

活动二　裁剪面料

睡裤的裁剪工序为样板检查、面料预缩、排料、划样、裁片等。学生使用提供的睡裤样板进行裁剪，裁片尺寸与数量必须与工艺单相符，各裁片纱向与样板一致。具体工序及要求见表 6－2－2。

表 6－2－2　睡裤裁剪工序及要求

序号	工序	工艺操作方法	质量标准
1	样板检查	检查样板的款式、数量、规格是否与工艺单（样品）相符	(1) 符合工艺单要求； (2) 零部件、衬裁配准确
2	面料预缩	将面料反面朝上，用蒸汽熨斗给湿给热，让面料自然回缩，然后关闭熨斗蒸汽，将面料熨烫平整	(1) 经纬丝缕顺直； (2) 面料尺寸稳定性较好，棉织物经向缩率在 3% 左右，纬向缩率为 3%～5%
3	排料	识别面料的幅宽和正反面，平铺面料，反面朝上，将样板按照纱向标示方向摆放，遵照排料原则，先大后小，大小片穿插，合理排料	(1) 排料紧密合理； (2) 裁片丝绺正确、数量准确、左右对称
4	划样	对准裁片样板把外轮廓及定位标记画在布料上	划样、标记准确
5	裁片	(1) 裁剪布片（见图 6－2－1）： 面料：前裤片 2 片，后裤 2 片，垫袋布 2 片； 袋布：袋布 2 片。 (2) 对准画线裁剪，对位剪口不能超过 0.5cm	(1) 裁片数量准确、标记完整； (2) 裁片尺寸准确； (3) 合理排料，节约用料

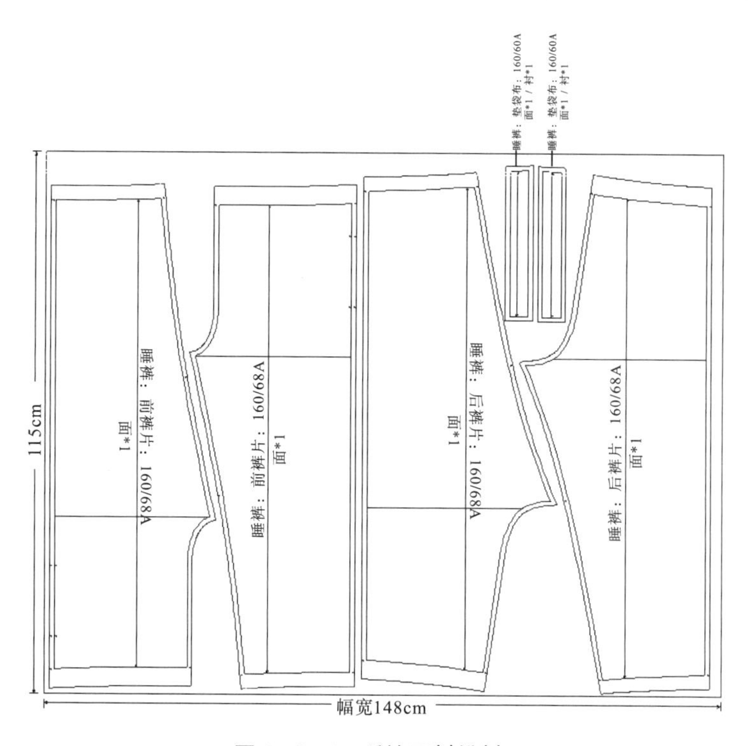

图 6－2－1　睡裤面料排料图

活动三　缝制前熨烫

1. 垫袋布粘衬

在垫袋布反面粘衬，熨烫平整（见图 6－2－2）。

2. 扣烫垫袋布

在垫袋布内侧扣烫 1cm 缝边（见图 6－2－3）。

图 6－2－2　垫袋布粘衬

图 6－2－3　扣烫垫袋布

活动四　缝制睡裤

1. 制作侧缝袋

（1）缝制垫袋布：将垫袋布放在袋布上，侧缝边对齐，沿扣烫止口缉 0.1cm 明线，左右对称（见图 6－2－4）。

图 6－2－4　缝制垫袋布

（2）做侧缝袋（见图 6－2－5）。

①将袋布与前裤片袋口位对齐缝合，缝份宽度为 1cm [见图 6－2－5（a）]。

②袋口处剪斜向 45°角刀口，便于袋布翻转，不漏布边毛茬 [见图 6－2－5（b）]。

③将袋布铺平拨开，沿侧缝边缉 0.1cm 止口线 [见图 6－2－5（c）]。

④在前裤片袋口位正面缉 0.5cm 明线 [见图 6－2－5（d）]。

⑤用来去缝工艺缝合袋底 [见图 6－2－5（e）]。

⑥侧缝处缝合 0.5cm，临时固定前裤片与袋布 [见图 6－2－5（f）]。

(a) 缝合袋布和前裤片

(b) 剪斜向 45°角刀口

(c) 袋布缉 0.1cm 止口线

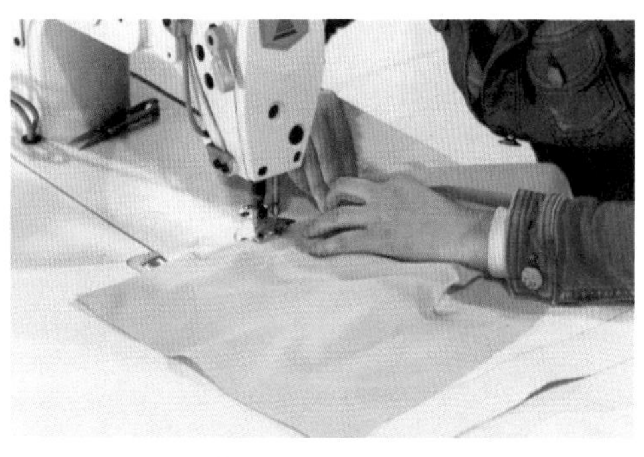

(d) 前裤片袋口位缉 0.5cm 明线

(e) 用来去缝工艺缝合袋底

(f) 固定前裤片与袋布

图 6—2—5　做侧缝袋

2. 缝合侧缝、下裆缝，锁边

缝合侧缝、下档缝，锁边的工艺流程如图 6—2—6 所示。

(1) 缝合侧缝：将前后裤片侧缝正面相对缝合，缝份宽度为 1cm。车缝时注意上、下两层保持平直，上层推送、下层稍拉，以免产生上下层长短不一的问题。

(2) 缝合下裆缝：将前后裆缝正面相对缝合，前裤片在上，后裤片在下，缝份宽度为 1cm [见图 6—2—6 (a)]。

(3) 锁边：侧缝、下裆缝锁边，锁边时前裤片在上 [见图 6—2—6 (b)]。

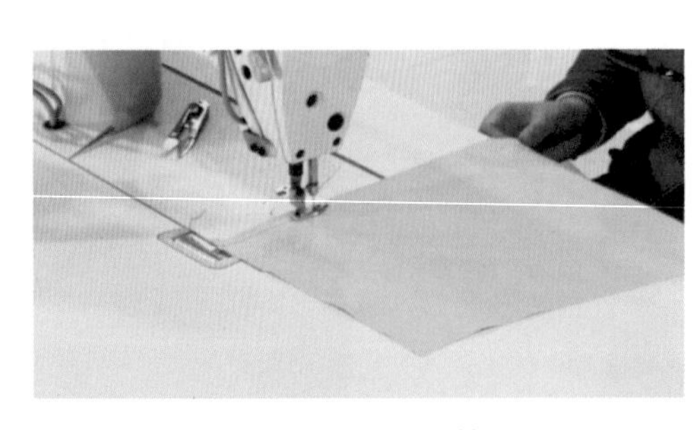

（a）缝合侧缝、下档缝

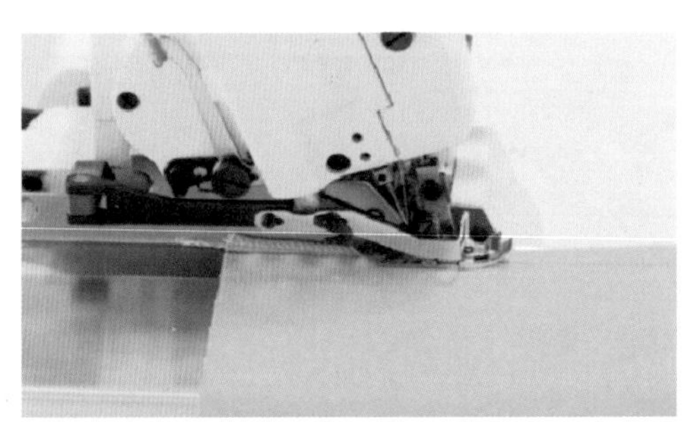

（b）锁边

图 6-2-6　缝合侧缝、下档缝

（4）熨烫：先平烫睡裤反面侧缝、下裆缝，再将侧缝、下裆缝向后裤片倒烫，最后翻至正面烫平侧缝、下裆缝（见图 6-2-7）。

（a）平烫侧缝

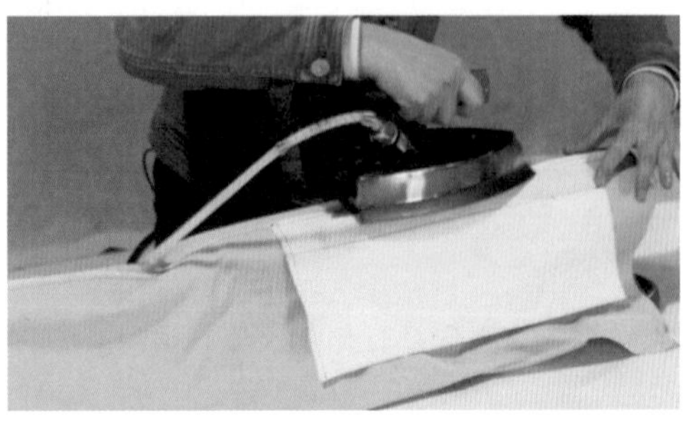

（b）倒烫侧缝

图 6-2-7　熨烫侧缝、下裆缝

（5）缝合裆缝：先将左右裤片裆缝对齐，再将裆底十字缝对齐，从前裆缝缝合至后裆缝，双线加固，缝份宽度为 1cm；对缝合后的裆缝做锁边处理；平烫前后裆缝，裆缝倒缝，翻至正面整烫（见图 6-2-8）。

（a）从前裆缝到后裆缝

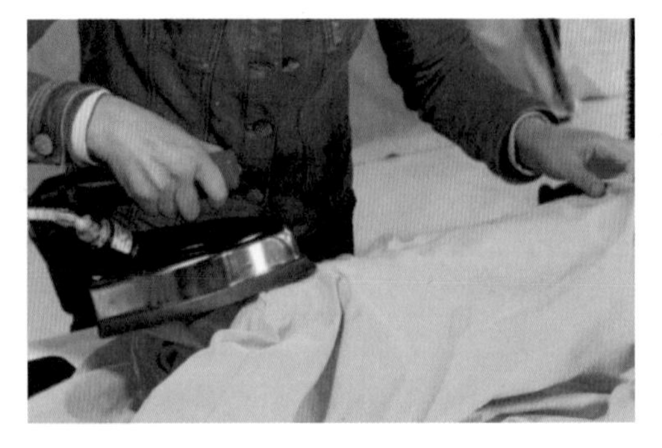

（c）熨烫前后裆缝

图 6-2-8　缝合裆缝

3. 脚口卷边

脚口用卷边缝工艺缝制，卷边宽度为 1.5cm（见图 6-2-9）。

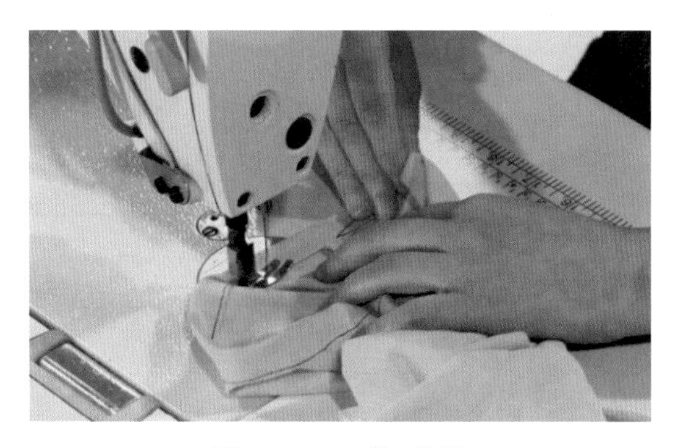

图 6—2—9　脚口卷边

4. 装松紧带

松紧带的安装流程如图 6—2—10 所示。

（1）搭接松紧带：将松紧带搭合 2cm，来回针固定。

（2）腰口安装松紧带：腰口处做卷边缝，腰口宽于松紧带约 0.3cm；将松紧带置于腰口内，沿卷边缉 0.1cm 明线，并在起止针处打倒回针，注意缝线不要扎到松紧带上［见图 6—2—10（a）］。

（3）缉松紧带固定线：将松紧量调整均匀，以松紧带中间缉一条固定线［见图 6—2—10（b）］。

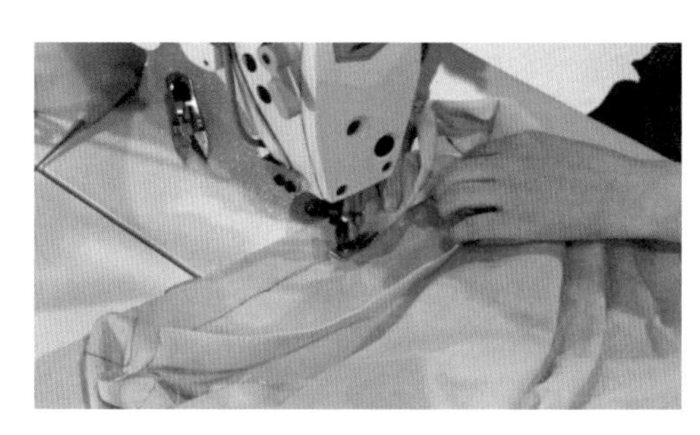

（a）在腰口安装松紧带

（b）缉松紧带固定线

图 6—2—10　装松紧带

活动五　成品整烫

睡裤整烫方法及要求如 6—2—3 所示。

表 6—2—3　睡裤整烫方法及要求

序号	项 目	具 体 要 求
1	熨烫操作方法与要求	（1）在熨烫棉织物时，注意温度、压力和时间。棉织物耐热度在 160～180℃之间； （2）熨烫顺序为先反面、后正面，先将裤子前后裆缝、侧缝、下裆缝熨烫平整，再翻到正面，将裤腿平铺，熨烫平整，使裤腰平服，最后冷却定型

续表

序号	项 目	具 体 要 求
2	成品熨烫要求	熨烫时熨斗不能在同一部位停留时间过长，熨斗推移须沿面料丝缕方向，以免面料丝缕受损或烫坏衣料

活动六 检验成品

参照国家纺织行业标准《睡衣套》（FZ/T81001—2016），睡裤成品的检验如表6—2—4所示工序和要求执行。

表6—2—4 睡裤检验工序及方法要求

序号	工序	检验方法与要求
1	外观质量	表面无污渍、无死线头；各部位缝制平服，缉线宽窄一致，线路顺直、整齐、牢固，针迹均匀，无跳针，上下线松紧适宜，起止针处及袋口应回针缉牢
2	辅料	衬布、缝线、松紧带的色泽、性能与面料性能相适宜
3	裤腿	两裤腿长短一致，两脚口宽度一致
4	裆缝底	裆底十字合缝对齐、顺直、平服
5	侧缝袋袋	袋口平服、不豁，左右袋口位置一致、大小一致
6	规格测量	主要部位允许偏差：裤长±1.5cm，松紧腰±2cm
7	整烫检验	各部位熨烫平服、整洁，无烫黄、无水渍、无亮光

问题探究

裤子后裆缝为什么要缝两道线？

日常生活中，人们在坐、蹲时，臀部都会向后、向下运动。此时，裤子的后裆缝就会受到张力的影响。为了使后裆缝更牢固，在缝制后裆缝时须做加固处理，即缝制两道线。

练一练

完成睡裤缝制，要求：

（1）试编制工艺单。

（2）运用平缝、卷边缝、包缝、侧缝袋、松紧腰等工艺完成睡裤制作。

（3）按检验工序及要求检验成品质量，并对存在的问题进行处理，使成品质量符合要求。

任务三　浴袍的缝制

浴袍是沐浴前后所穿的袍服，款式宽松，便于穿脱。其面料可选用普通棉布、精梳棉、珊瑚绒、毛圈织物、华夫格、竹纤维等。其款式多为直身系带袍服。

活动一　识读工艺单

表 6—3—1　浴袍缝制工艺单

<table>
<tr><td>款式名称</td><td>浴袍</td><td>款号</td><td>SS/J01—3</td><td>完成人签字</td><td></td></tr>
<tr><td colspan="3">款式图</td><td colspan="3">成品规格尺寸表　（单位：cm）</td></tr>
<tr><td colspan="3" rowspan="4">正面图　细节图</td><td>衣长</td><td>肩宽</td><td>胸围</td></tr>
<tr><td>袖长</td><td></td><td></td></tr>
<tr><td colspan="3">110　48　115　49</td></tr>
<tr><td colspan="3">工艺说明及技术要求
1. 针距要求：12～14 针/3cm；
2. 缝型要求：基础缝型综合运用；
3. 技术要求：绱领、嵌边、贴袋等工艺综合运用；
4. 缉线要求：直线顺直；面、底线松紧一致；缉线平整、宽窄一致，无断针、跳针、脱线；
5. 嵌边闭合，吃势均匀，不拉不皱；
6. 袋口平服、不豁口</td></tr>
<tr><td>造型特征描述</td><td colspan="2">外观要求</td><td colspan="2">面料</td><td>辅料与配件</td></tr>
<tr><td>直身式领口，可卸腰带，前衣片左右各一个贴袋，领口、袖口、袋口均有绳嵌边</td><td colspan="2">衣领、贴袋平服，袖子吃势均匀，左右袖对称，嵌边饱满，松度一致，整体外观整洁无污渍，各部位熨烫平服</td><td colspan="2">1. 成分：纯棉；
2. 幅宽：146～148cm；
3. 织物组织：斜纹；
4. 主料用量：2.3m；
5. 斜条面料：5m</td><td>1. 涤纶线：与面料同色；
2. 无纺衬：用量 1.2m；
3. 机针：11 号；
4. 绳：3mm 棉绳</td></tr>
</table>

活动二　裁剪面料

浴袍的裁剪工序为样板检查、面料预缩、排料、划样、裁片等。学生使用提供的浴袍样板进行裁剪，裁片尺寸与数量与工艺单相符，各裁片纱向、剪口与样板一致。具体工序及要求如表 6—3—2 所示。

表 6—3—2　浴袍裁剪工序及要求

序号	工序	工艺操作方法	质量标准
1	样板检查	检查样板的款式、数量、规格是否与工艺单相符	裁片规格要符合产品规格，零部件、衬等裁配准确

续表

序号	工序	工艺操作方法	质量标准
2	面料预缩	将面料反面朝上，用蒸汽熨斗给湿给热，让面料自然回缩，然后关闭熨斗蒸汽，将面料熨烫平整	(1) 经纬丝缕顺直； (2) 面料尺寸稳定性较好
3	排料	(1) 正确识别面料有效幅宽和面料正反面； (2) 识别面料经纬向性能，合理排料	(1) 排料合理； (2) 裁片丝绺正确、数量准确、左右对称
4	划样	对准裁片样板把外轮廓及定位标记画在布料上	划样、标记准确
5	裁片	(1) 裁剪布片（见图 6-3-1）： 面料：前衣片 2 片、后衣片 1 片、袖片 2 片、前袋 2 片、前袋贴 2 片、袖头贴 2 片、腰带 1 片； (2) 斜条：5 米； (3) 对准画线裁剪，眼刀不能超过 0.5cm	(1) 裁片数量准确、标记完整； (2) 裁片尺寸准确； (3) 合理节约用料

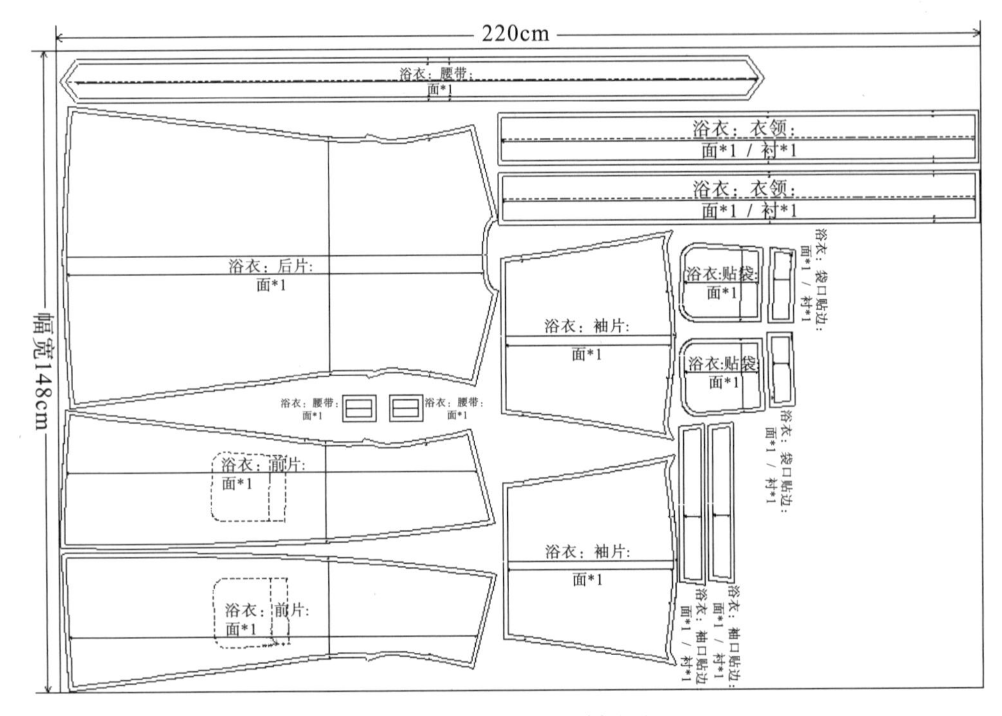

图 6-3-1　浴袍单件排料裁剪图

活动三　缝制前的熨烫

1. 粘衬

(1) 袖口贴边粘衬：在袖口贴边反面粘衬，并在上下两边画出净样线（见图 6-3-2）。

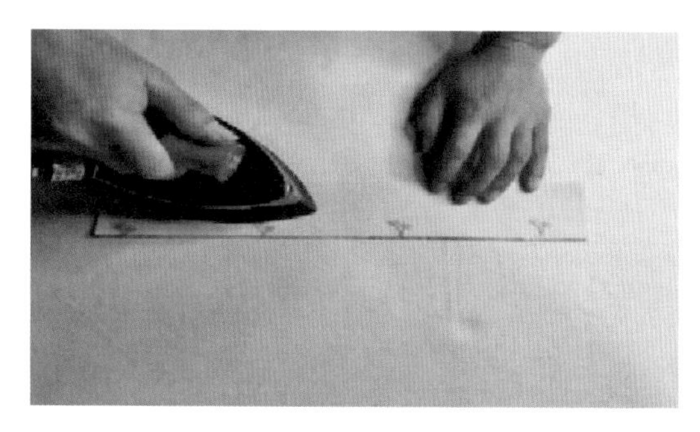

(a) 袖口贴边反面粘衬

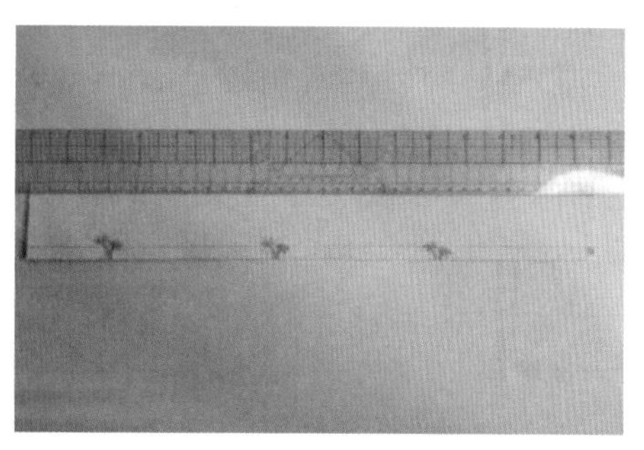

(b) 袖口贴边画净样线

图 6—3—2　袖口贴边粘衬

(2) 袋口贴边粘衬：在袋口贴边反面粘衬，并在上下两边画出净样线（见图 6—3—3）。

(3) 衣领粘衬：在衣领反面粘衬。

(a) 袋口贴边反面粘衬

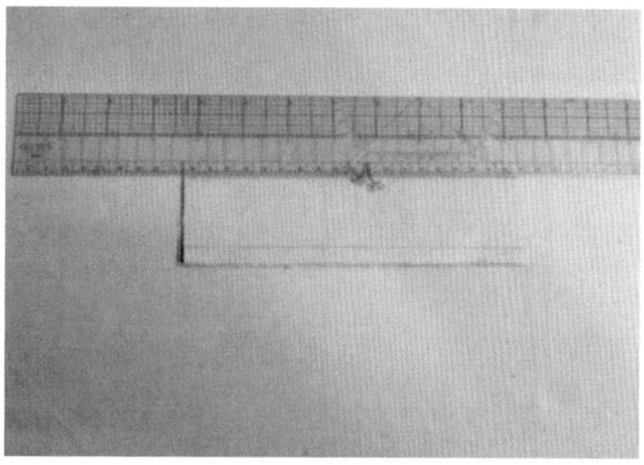

(b) 袖口贴边画净样线

图 6—3—3　袋口贴边粘衬

2. 扣烫腰袢

腰袢反面朝上，将两边缝份向中间扣烫，对折腰袢，熨烫平服。

3. 标记袋位

用打线丁的方式做袋位标记。

活动四　制作部件

1. 做嵌条

用单边压角，在嵌条内灌绳缝制（见图 6—3—4）。

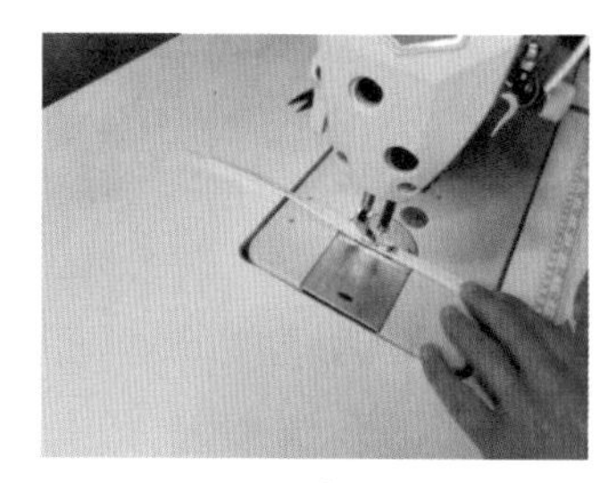

图 6—3—4　在嵌条内灌绳缝制

2. 做腰带

腰带的制作流程如图 6—3—5 所示。

(1) 缝制腰带：将腰带正面相对对折，毛边处缝合，缝份宽度为 1cm；腰带中间留出 3cm 空隙，不缝合，缉为翻口。

(2) 熨烫腰带：修剪腰带缝份，翻出正面，翻口处手缝封口，熨烫平整。

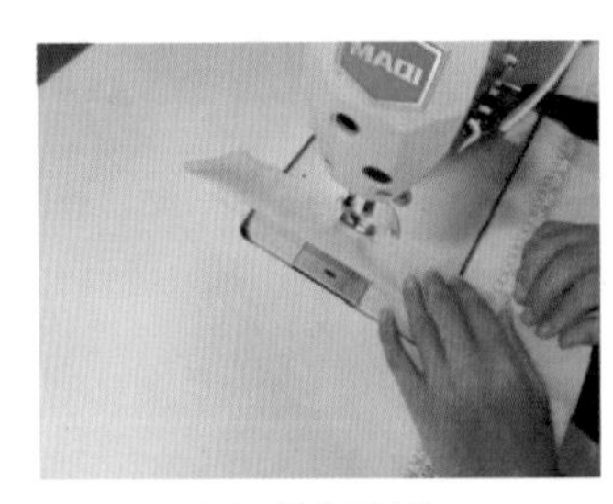

(a) 缝制腰带

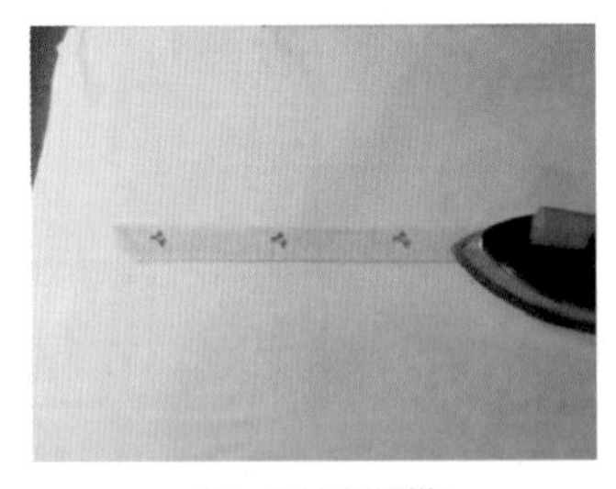

(b) 熨烫腰带

图 6—3—5 做腰带

3. 做衣领

衣领的缝制流程如图 6—3—6 所示。

(1) 拼接后领中：分别将衣领面、底后中正面相对平缝，缝份宽度为 1cm，缝份分缝［见图 6—3—6 (a)］。

(2) 扣烫衣领：将衣领两侧折烫 1cm，再对折熨烫平整［见图 6—3—6 (b)］。

(3) 安装嵌条：用单边压脚，领面上安装嵌条［见图 6—3—6 (c)］。

(a) 拼接后领中

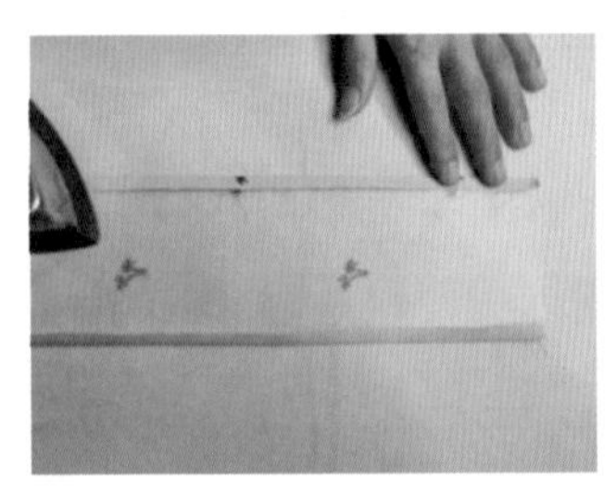

(b) 扣烫衣领

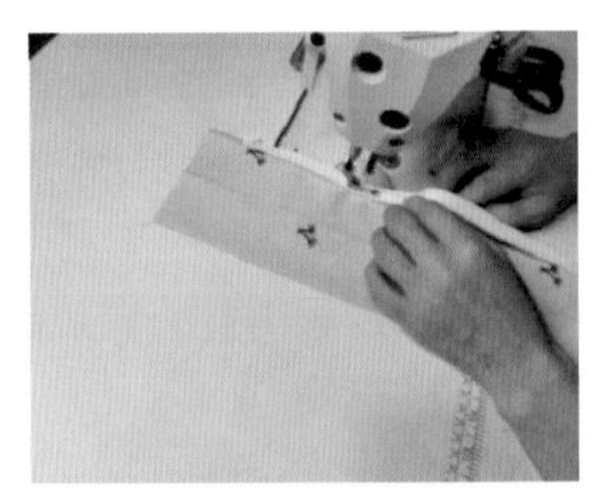

(c) 领面上安装嵌条

图 6—3—6 做衣领

4. 做贴袋

贴袋的缝制流程如图 6—3—7 所示。

(1) 安装嵌条：用单边压脚，嵌条与袋口贴边下口正面对齐缝合，缝份宽度为 1cm；将嵌条熨烫平服［见图 6—3—7 (a)］。

(2) 缝合袋口贴边：将贴袋的反面与贴边的正面对齐，袋上口缝合，缝份宽度为 1cm［见图 6—3—7 (b)］。

(3) 缉贴边止口线：将缝合的贴袋和贴边拨开，缝份倒向贴袋，缉 0.1cm 止口明线［见图 6—3—7 (c)］。

(4) 熨烫贴袋：将贴边翻到正面，贴袋上口熨烫出里外匀，贴袋面吐出 0.1cm，将贴袋熨烫平服［见图 6—3—7（d）］。

（5）扣缉袋口贴边：扣净贴边下口，沿止口缉 0.1cm［见图 6—3—7（e）］。

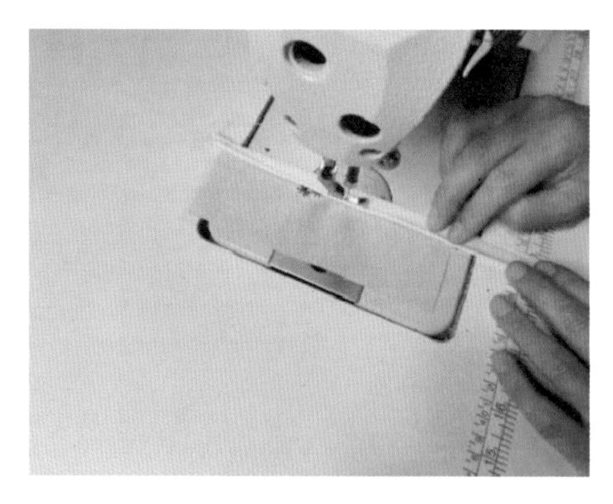

（a）安装嵌条

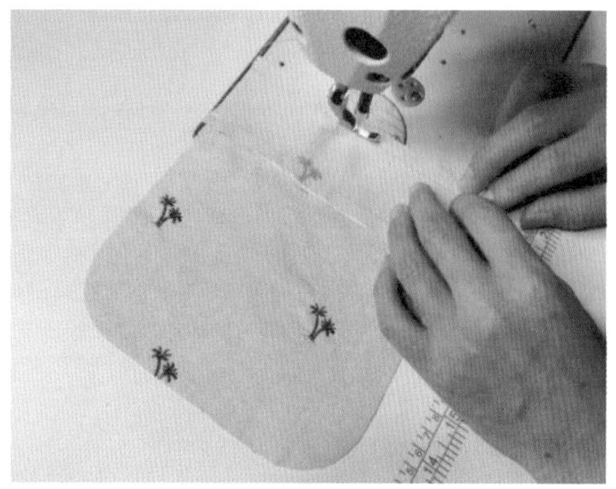

（b）缝合袋口贴边

（c）缉贴边止口线

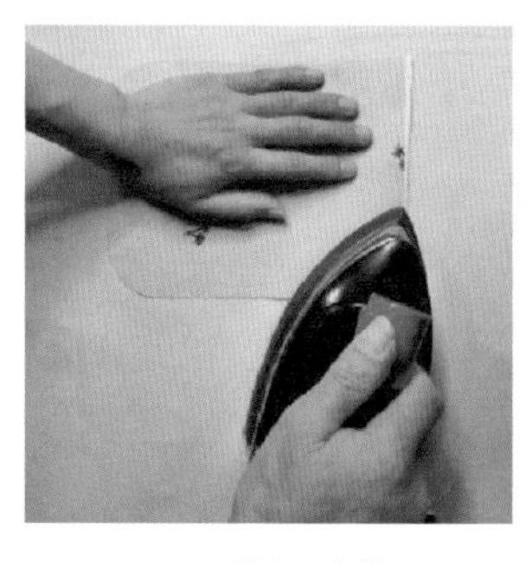

（d）熨烫贴袋

（e）扣缉袋口贴边

图 6—3—7　做贴袋

5. 装贴袋

按贴袋工艺样板扣烫贴袋；将贴袋放在前片的袋位处，沿贴袋外止口缉 0.1cm 线，袋口处缉三角缝线加固（见图 6—3—8）。

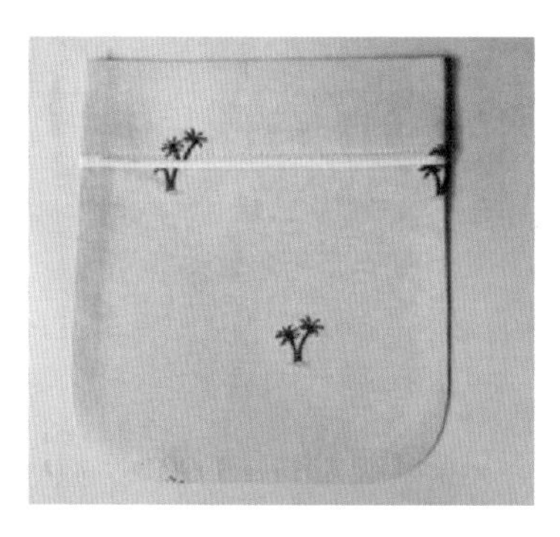

（a）扣烫贴袋

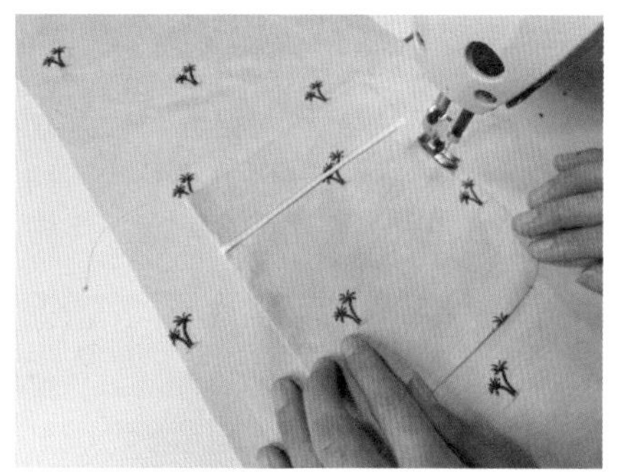

（b）沿贴袋外止口缉 0.1cm 线

图 6—3—8　装贴袋

6. 做袖子

（1）安装嵌条：用单边压脚，将嵌条与袖口贴边上口正面对齐缝合，缝份宽度为 1cm。

（2）缝合袖口贴边：将袖口反面与袖口贴边的正面对齐缝合，缝份宽度为 1cm。

（3）缉袖口贴边止口线：缝份倒向袖口，沿袖口贴边止口线缉线 0.1cm 宽线。

（4）熨烫袖口：将贴边翻到正面，袖口处熨烫出里外匀，袖面吐出 0.1cm，将袖口熨烫平服。

（5）扣缉袖口贴边：贴边上口的缝份倒向贴边，沿贴边止口缉 0.1cm 明线。

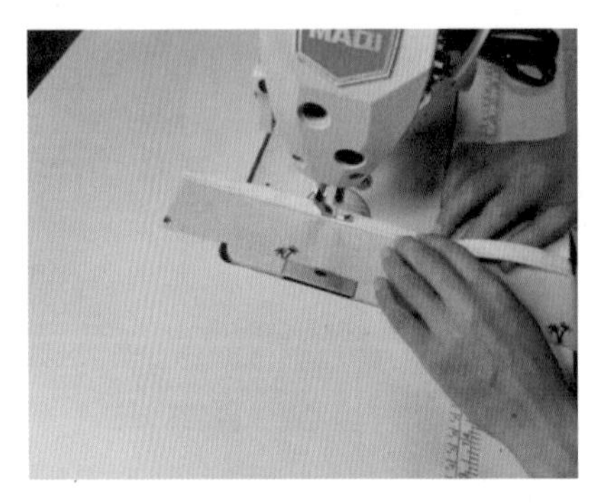

（a）安装嵌条

（b）缝合袖口贴边

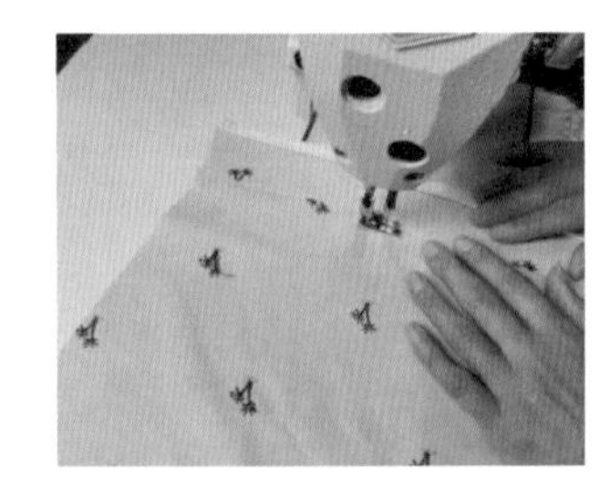

（c）缉袖口贴边止口线

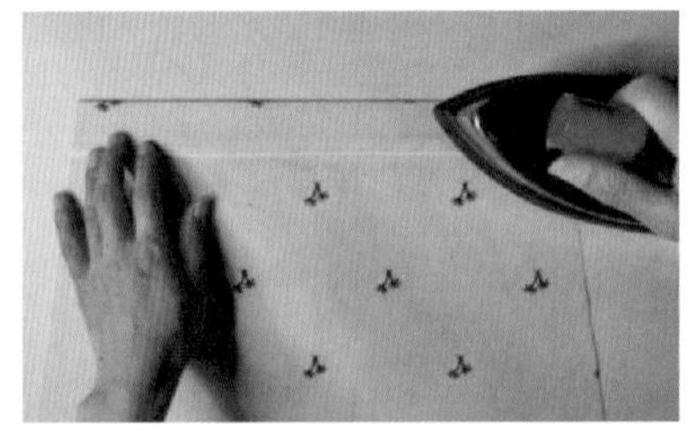

（d）熨烫袖口

（e）扣缉袖口贴边

图 6-3-9　做袖子

活动五　缝制衣身

1. 做肩缝

肩缝的缝制步骤如图 6-3-10 所示。

（1）缝合肩缝：前后衣片正面相对，缝合肩缝，缝份宽度为 1cm［见图 6-3-10（a）］。

（2）锁边肩缝：将缝合后的肩缝前片朝上锁边［见图 6-3-10（b）］。

（3）熨烫肩线：平烫锁边后的肩缝，再将肩缝缝份向后片烫倒［见图 6-3-10（c）］。

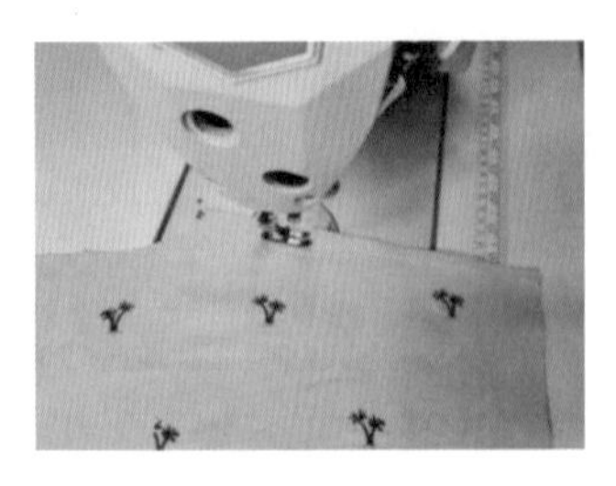

（a）缝合肩缝

（b）肩缝锁边

（c）熨烫肩缝

图 6-3-10　做肩缝

2. 绱袖

绱袖的工艺流程如图 6－3－11 所示。

（1）缝合袖子和衣片：将袖子的刀口与衣片袖窿的刀口对准，缝合袖子和衣片，缝份宽度为 1cm。

（2）袖窿缝合缝锁边：将袖子放上层，锁边袖窿缝合线。

（3）熨烫袖窿：先平烫绱袖缝，再将袖窿缝合线向袖子烫倒，翻至正面熨烫平整。

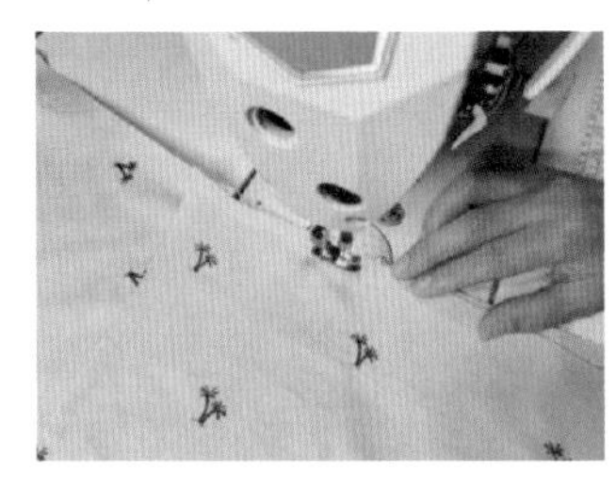

（a）缝合的袖子和衣片

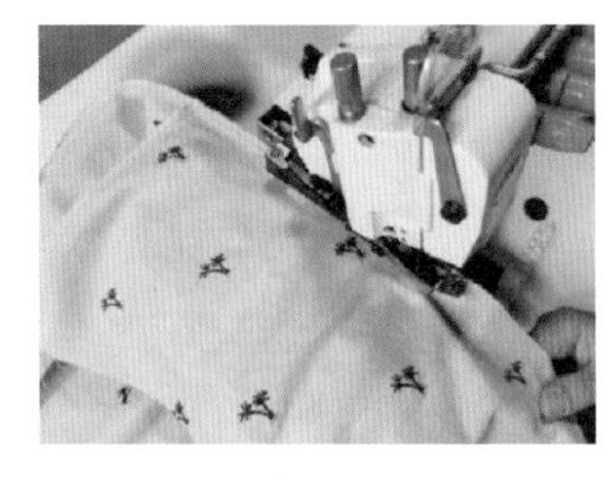

（b）袖窿缝合缝锁边

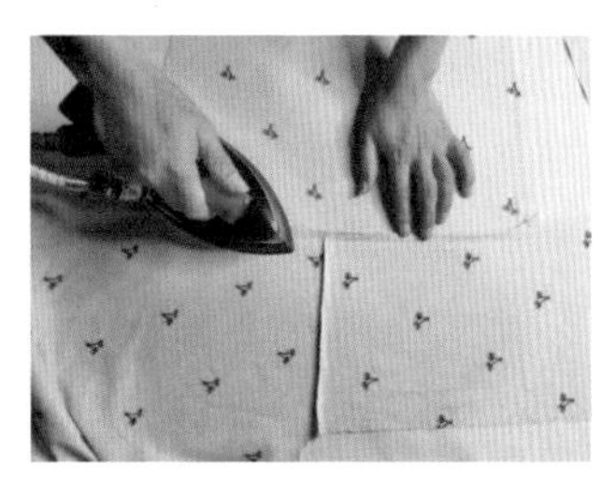

（c）熨烫袖窿

图 6－3－11　绱袖

3. 做侧缝、袖底缝

侧缝、袖底缝的缝制流程如图 6－3－12 所示。

（1）缝合侧缝、袖底缝：将袖底缝与前衣片、后衣片的侧缝对齐，袖窿底点对准缝合，缝份宽度为 1cm［见图 6－3－12（a）］。

（2）锁边：将前衣片反面朝上锁边［见图 6－3－12（b）］。

（3）熨烫侧缝、袖底缝：将锁边的侧缝、袖底缝熨烫平服，缝份向后片烫倒［见图 6－3－12（c）］。

（4）固定袖口：袖底缝倒向后片，沿袖底缝边缘缝 0.5cm 固定线［见图 6－3－12（d）］。

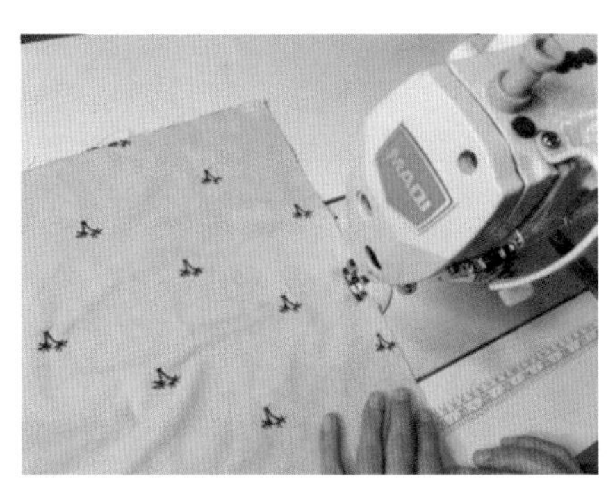

（a）缝合侧缝、袖底缝

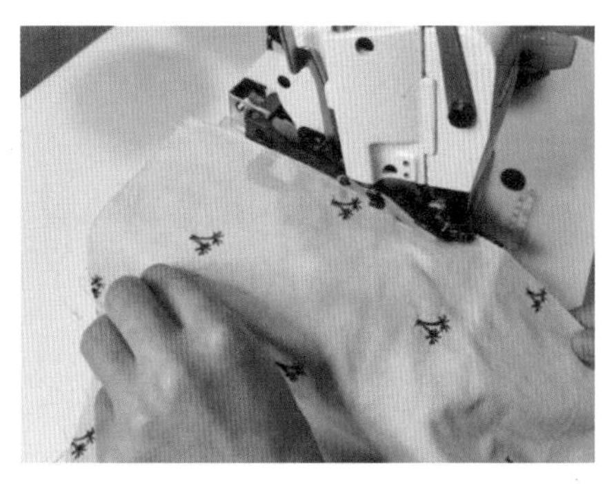

（b）锁边

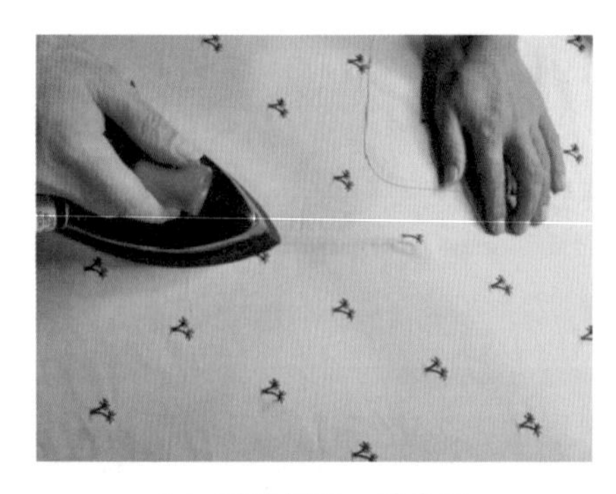

（c）熨烫侧缝、袖底缝

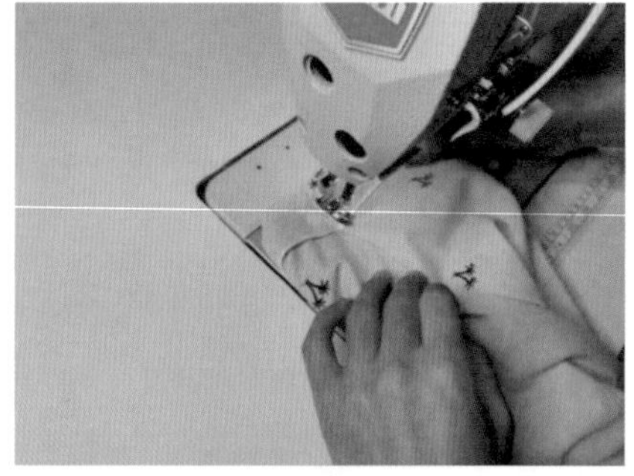

（d）固定袖口

图 6—3—12　缝合侧缝、袖底缝

4. 做腰袢

腰袢的缝制流程如图 6—3—13 所示。

（1）缝腰袢：将腰袢两边毛边对折再对折，沿腰袢两边缝 0.1cm 明线［见图 6—3—13（a）］。

（2）安装腰袢：按腰袢标记位置，将腰袢固定在侧缝上，左右各留一条侧缝［见图 6—3—13（b）］。

（a）缝腰袢

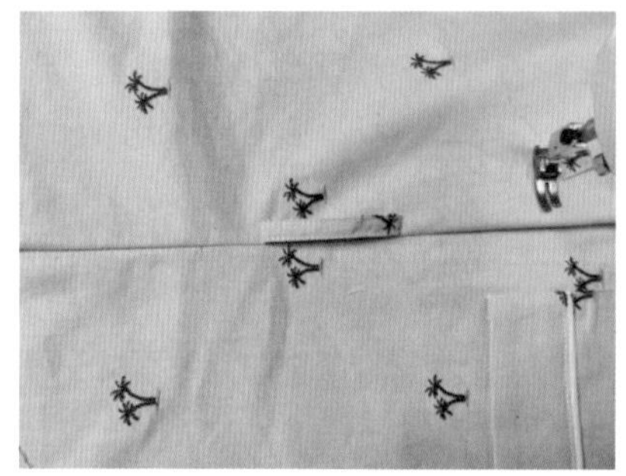

（b）安装腰袢

图 6—3—13　安装腰袢

5. 缝制衣身底边

（1）扣烫底边：先扣烫 0.9cm，再扣烫 1.5cm。

（2）缉底边明线：沿扣烫止口边缉 0.1cm 明线，正面明线宽度为 1.5cm。

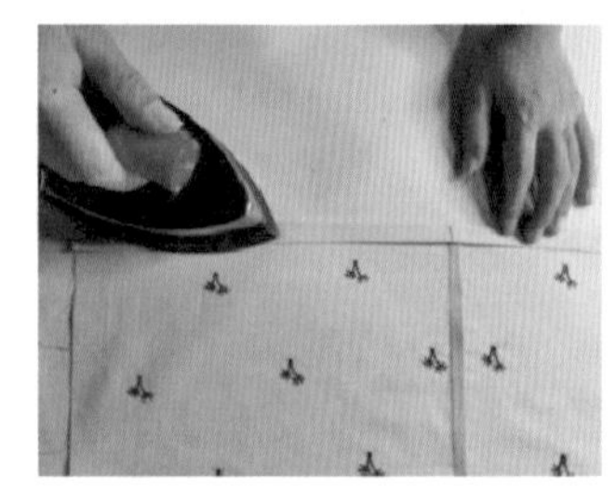

（a）扣烫底边 0.9cm

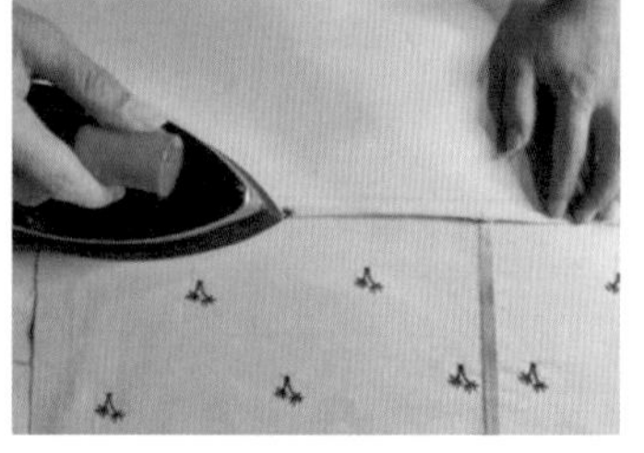

（b）扣烫底边 1.5cm

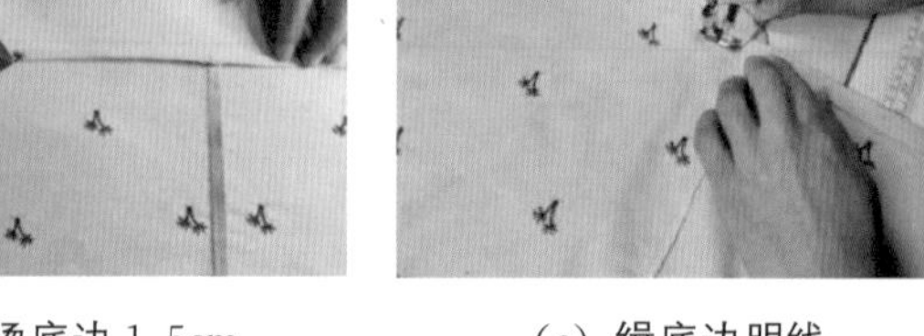

（c）缉底边明线

图 6—3—14　缝制衣身底边

6．绱领

（1）缝合领条和衣片：将领条的正面与衣片止口反面相对，底边处领条留出 1cm 缝份，从右前片底摆处开始车缝，经后领中缝至左前片底摆处，缝份宽度为 1cm。

（2）缝合领条底边：将领条面、领条底正面对折缝合。

（3）领条缉明线：在领条正面缉 0.1cm 明线，固定领子一圈，同时缉住领条底。

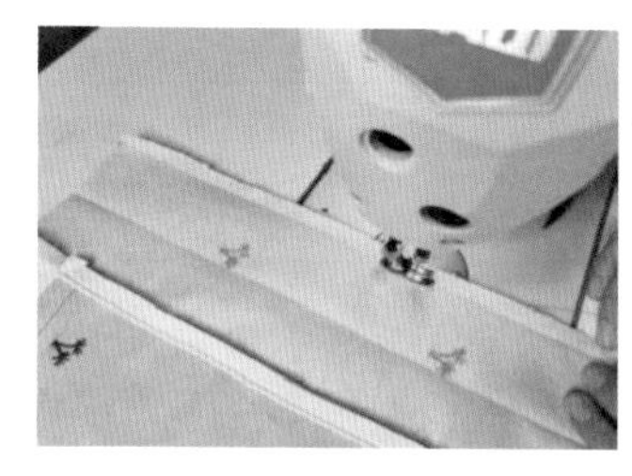
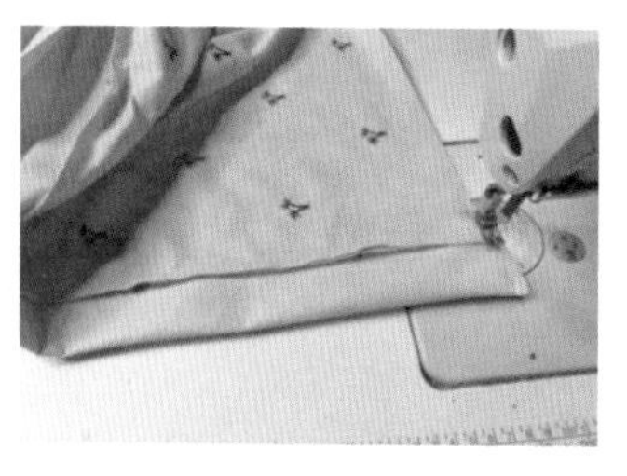
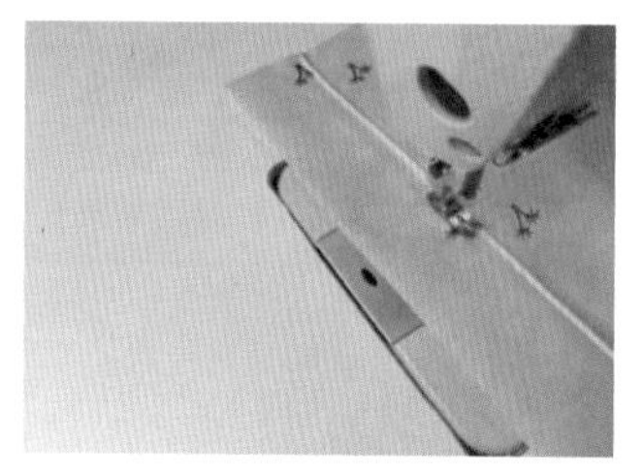
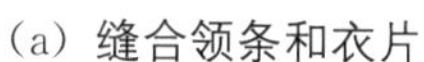

（a）缝合领条和衣片　（b）缝合领条底边　（c）领条缉明线

图 6-3-15　绱领

活动六　成品整烫

浴袍整烫整理方法及要求如表 6-3-3 所示。

表 6-3-3　浴袍整烫整理方法及要求

序号	项 目	具 体 要 求
1	工艺操作方法与要求	（1）棉织物熨烫温度应控制在 160～180℃，棉混纺织物的熨烫温度最好控制在 130～150℃。 （2）先烫反面，再烫正面；先熨烫缝份，再依次熨烫袖子、后身、小肩、前身、领条；熨烫圆弧部位时可借助烫凳进行熨烫
2	成品熨烫要求	熨烫时应尽量在衣料的反面进行熨烫，如必须在衣料正面熨烫时，应盖上烫布，以免表面烫出极光

活动七　检验成品

参照国家纺织行业标准《睡衣套》（FZ/T81001—2016），浴袍的检验如表 6-3-4 所示工序和要求执行。

表 6-3-4　浴袍检验工序及方法要求

序号	工序	检验方法与要求
1	外观质量	表面无污渍、无死线头；各部位缝制平服，缉线宽窄一致，线路顺直、整齐、牢固，针迹均匀，无跳针，上下线松紧适宜，起止针处及袋口应回针缉牢
2	领	领条面、底松紧适宜，平服不反翘，左右宽窄一致，嵌边饱满圆顺、自然、均匀
3	袖	绱袖圆顺，袖缝顺直，两袖长短一致，袖口宽度一致
4	门襟	前身门襟长短一致、顺直，止口不反吐

续表

序号	工序	检验方法与要求
5	侧缝	袖底十字合缝对齐，侧缝顺直、平服
6	下摆	缉线部位顺直，左右对称，卷边宽度一致，起落针回针
7	贴袋	口袋方正、圆顺，袋口不豁
8	腰带	腰带顺直、宽窄对称
9	规格测量	主要部位允许偏差：衣长±1cm，胸围±2cm，肩宽±1cm，袖长±1cm
10	整烫检验	各部位烫平服、整洁，无烫黄、无水渍、无亮光

问题探究

检验成品时所参照的标准是怎么分类的？

《中华人民共和国标准化法》将标准分为国家标准、行业标准、地方标准和团体标准、企业标准。

其中，国家标准又分为强制性国家标准（GB）和推荐性国家标准（GB/T）。国家标准的编号由国家标准的代号、国家标准发布顺序号和国家标准发布年代号构成。

例如：GB 18401—2010《国家纺织产品基本安全技术规范》，该文件为强制性国家标准，顺序编号为 18401，发布于 2010 年。

GB/T 28459—2012《公共用纺织品》，该文件为推荐性国家标准，顺序编号为 28459，发布于 2012 年。

行业标准是针对没有推荐性国家标准而又需要在全国某个行业范围内统一的技术要求所制定的标准。

例如：《睡衣套》（FZ/T 81001—2016）是纺织行业的标准。行业标准均为推荐性标准。

知识拓展

明制交领短衫的制作

1. 准备材料

明制交领短衫排料如图 6－3－16 所示。

（1）面料：棉麻面料，用料 1.3m。

（2）衬料：无纺衬，用料 0.5m。

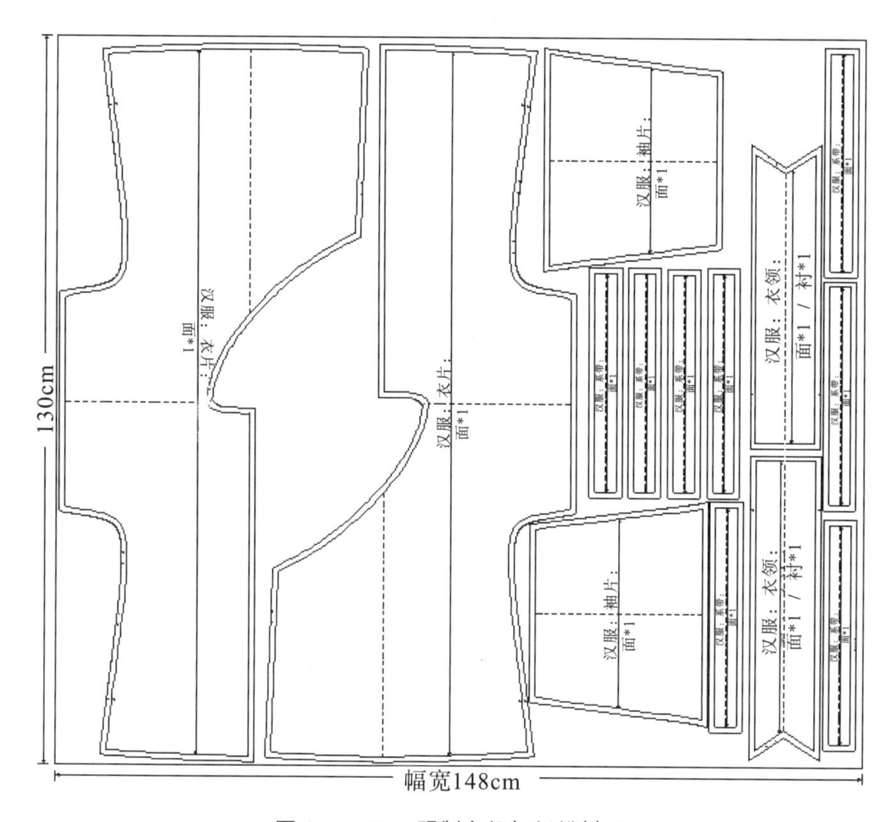

图 6—3—16　明制交领短衫排料图

2. 用料计算

幅宽 146～148cm，2 个衣长+5～10cm，衣领可使用配色面料。

3. 制作过程

明制交领短衫的制作过程如图 6—3—17 所示。

（1）做系结布带，缝份宽度为 1cm［见图 6—3—17（a）］。

（2）缝制后中缝，使用来去缝，做净缝份毛边［见图 6—3—17（b）］。

（3）熨烫后中缝，先反面后正面［见图 6—3—17（c）］。

（4）绱袖，使用来去缝，做净缝份毛边，熨烫袖缝［见图 6—3—17（d）］。

（5）安装左侧缝布带，按剪口位置装系结布带［见图 6—3—17（e）］。

（6）缝合侧缝、袖底缝，使用来去缝，做净缝份毛边［见图 6—3—17（f）］。

（7）做侧缝衩，用卷边缝缝制侧缝衩，缝份宽度为 0.6cm［见图 6—3—17（g）］。

（8）缝制前左侧门襟止口，用卷边缝做净缝边，并按照剪口位置安装布带，缝份宽度为 0.6cm［见图 6—3—17（h）］。

（9）做净衣身底边，用卷边缝缝制，缝份宽度为 1.5cm［见图 6—3—17（i）］。

（10）做净袖口底边，用卷边缝缝制，缝份宽度为 1.5cm［见图 6—3—17（j）］。

（11）绱领，缝份宽度为 1.5cm［见图 6—3—17（k）］。

（12）安装领口布带，缝份宽度为 1cm［见图 6—3—17（l）］。

(13) 封领口，缝份宽度为1cm［见图6－3－17（m）］。

(14) 领口缉线，宽度为0.1cm［见图6－3－17（n）］。

(15) 成衣熨烫，完成明制交领短衫制作［见图6－3－17（o）］。

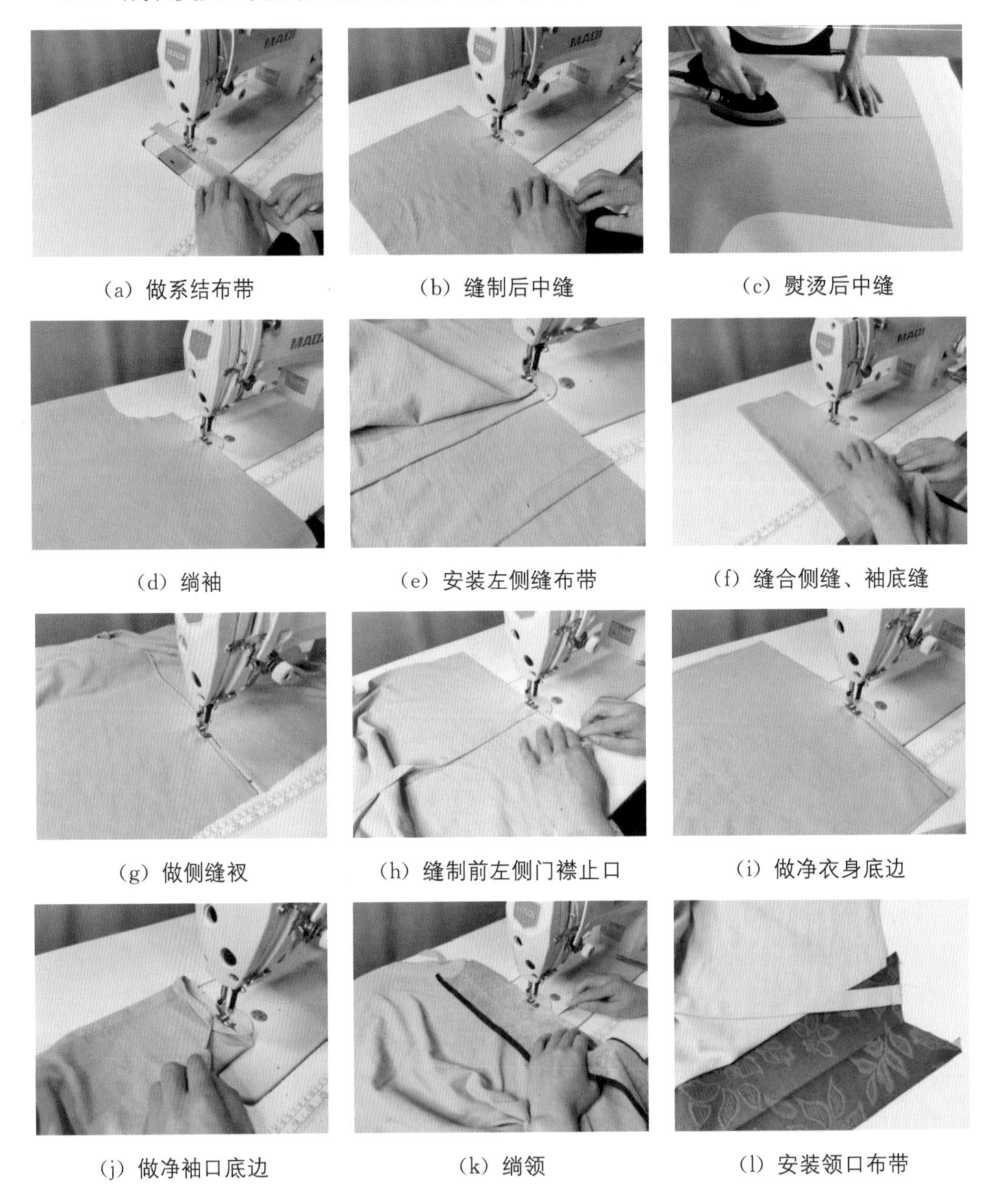

(a) 做系结布带　(b) 缝制后中缝　(c) 熨烫后中缝

(d) 绱袖　(e) 安装左侧缝布带　(f) 缝合侧缝、袖底缝

(g) 做侧缝衩　(h) 缝制前左侧门襟止口　(i) 做净衣身底边

(j) 做净袖口底边　(k) 绱领　(l) 安装领口布带

（m）封领口

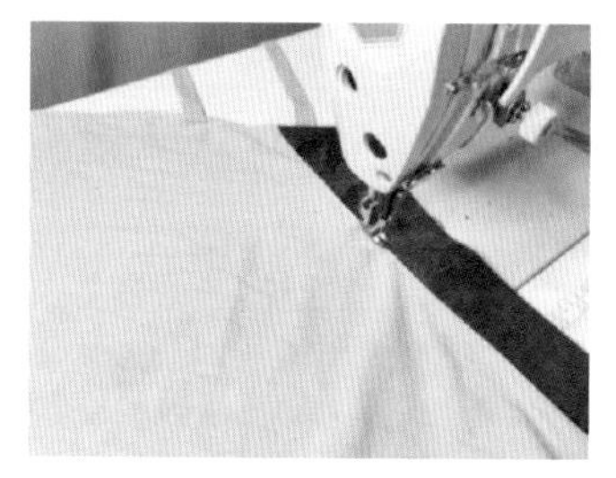
（n）领口缉线

（o）熨烫，完成成衣

图 6−3−17　明制交领短衫工艺制作过程

练一练

缝制浴袍，要求：

（1）编制工艺单；

（2）综合运用所学缝型和零部件工艺，独立缝制、检验浴袍；

（3）参与项目总结、讨论、展评活动。

项目学习评价表

评价项目	评价内容	分值	自我评价	小组评价	教师评价	得分
岗位素养（10 分）	1. 完成当日指定工作任务	3				
	2. 按规定质量标准完成指定工序的缝制后，再进行下一道工序	2				
	3. 对不合格产品必须按质量标准及时返工	3				
	4. 负责个人机台及工位卫生的日常维护，并在工作结束后关掉电源开关	2				
劳动教育（25 分）	1. 遵守教学实践环节劳动纪律，不迟到、不早退、不旷工	10				
	2. 遵守实训室的规章制度、安全操作规范要求	2				
	3. 尊重师长；爱护实训室设施设备；爱护他人劳动成果，不随意破坏	3				
	4. 完成每日或每周的组内实训室劳动任务	10				

续表

<table>
<tr><th>评价项目</th><th colspan="2">评价内容</th><th>分值</th><th>自我评价</th><th>小组评价</th><th>教师评价</th><th>得分</th></tr>
<tr><td rowspan="5">专业能力（40分）</td><td colspan="2">1. 能维护和保养常用服装缝纫设备</td><td>5</td><td></td><td></td><td></td><td></td></tr>
<tr><td colspan="2">2. 会按裁剪质量标准、裁剪步骤进行面料裁剪，面料裁剪数量、纱向无误</td><td>5</td><td></td><td></td><td></td><td></td></tr>
<tr><td colspan="2">3. 会编制工艺单</td><td>15</td><td></td><td></td><td></td><td></td></tr>
<tr><td colspan="2">4. 会按成衣熨烫的操作步骤及方法要求进行成品整烫</td><td>5</td><td></td><td></td><td></td><td></td></tr>
<tr><td colspan="2">5. 会按检验步骤及要求进行直线型、直身型成衣产品检验；缝制的产品质量合格</td><td>10</td><td></td><td></td><td></td><td></td></tr>
<tr><td>写作能力（10分）</td><td colspan="2">项目体验与总结</td><td>10</td><td></td><td></td><td></td><td></td></tr>
<tr><td rowspan="2">创新能力15分</td><td colspan="2">会运用基础缝型、常见服装零部件的工艺方法进行款式拓展练习和服饰图案的创新创作</td><td>10</td><td></td><td></td><td></td><td></td></tr>
<tr><td colspan="2">会对作品进行描述、展示，有团队合作精神。</td><td>5</td><td></td><td></td><td></td><td></td></tr>
<tr><td rowspan="3">项目体验与总结</td><td>不足之处</td><td colspan="6"></td></tr>
<tr><td>改进措施</td><td colspan="6"></td></tr>
<tr><td>收获</td><td colspan="6"></td></tr>
<tr><td colspan="2">总 分</td><td colspan="6"></td></tr>
</table>

参考文献

陈素霞，李金柱. 服装缝制工艺项目教程［M］. 北京：机械工业出版社，2014.

刘江坚. 染整节能减排新技术［M］. 北京：中国纺织出版社，2015.

闫学玲，王姝画，王式竹. 服装缝制工艺基础［M］. 北京：中国轻工业出版社，2008.

余国兴. 服装工艺（提高篇）［M］. 上海：东华大学出版社，2015.

张明德. 服装缝制工艺［M］. 北京：高等教育出版社，2005.

张文斌. 服装工艺学 成衣工艺分册［M］. 北京：纺织工业出版社，1993.

朱秀丽，鲍卫君，屠晔. 服装制作工艺 基础篇（第三版）［M］. 北京：中国纺织出版社，2016.